机器视觉技术
基础及实践

Machine Vision Technology
Foundation and Practice

陈兵旗
梁习卉子　编著
陈思遥

化学工业出版社
·北京·

内 容 简 介

本书将理论讲述与实践解析相结合，介绍了机器视觉技术及图像处理理论，帮助读者理解基础理论并学会操作应用。

主要内容包括：机器视觉基础、图像数据与文件、图像视频采集、像素分布处理、颜色空间与测量、颜色变换、几何变换、频率域变换、图像间变换、滤波增强、图像分割、二值运算、二值参数测量、二维三维运动图像测量。

利用通用图像处理系统 ImageSys、二维运动图像测量分析系统 MIAS 和三维运动图像测量分析系统 MIAS3D 等专业图像处理软件平台，直观演示理论的实现过程与结果，每章都详细介绍了实际工程应用案例。

本书可为从事机器视觉技术、图像处理、人工智能研究和应用的工程技术人员提供帮助，也可供高等院校相关专业师生学习参考。

图书在版编目（CIP）数据

机器视觉技术：基础及实践/陈兵旗，梁习卉子，
陈思遥编著 . —北京：化学工业出版社，2023.8（2024.8重印）
ISBN 978-7-122-43995-6

Ⅰ.①机…　Ⅱ.①陈…②梁…③陈…　Ⅲ.①计算机
视觉　Ⅳ.①TP302.7

中国国家版本馆 CIP 数据核字（2023）第 153253 号

责任编辑：贾　娜　　　　　　　　　　文字编辑：张　琳　温潇潇
责任校对：李　爽　　　　　　　　　　装帧设计：史利平

出版发行：化学工业出版社（北京市东城区青年湖南街 13 号　邮政编码 100011）
印　　装：河北延风印务有限公司
787mm×1092mm　1/16　印张 14　字数 336 千字　2024 年 8 月北京第 1 版第 2 次印刷

购书咨询：010-64518888　　　　　　　售后服务：010-64518899
网　　址：http://www.cip.com.cn
凡购买本书，如有缺损质量问题，本社销售中心负责调换。

定　　价：69.00 元

前 言

随着科学技术的不断进步，人类的生产和社会活动已经进入了智能化与无人化的发展阶段。工信部 2035 年发展目标中的一项重要任务，是使机器人成为人民生活的重要组成部分。要从技术、规模、应用、生态等多方面实现机器人技术的发展，离不开机器视觉技术。机器视觉就是机器的眼睛，如同人眼之于人，是智能机械装备获得外部信息的重要方法。随着机器视觉技术的普及与应用，越来越多的人开始从事与机器视觉和图像处理相关的工作，从业人员需要在懂得机器视觉和图像处理理论的基础上，掌握操作、维护和完善设备功能等实践技能，这也是国家对职业教育重点培养工匠型人才的专业要求。

本书以培养应用型人才为目标，利用专业图像处理软件平台，介绍机器视觉及图像处理理论，同时直观演示相关理论的实现过程与结果，然后再介绍一些实际工程应用案例。通过这种理论与实践相结合的方式，让读者掌握理论并学会操作应用。

本书主要内容包括：机器视觉基础、图像数据与文件、图像视频采集、像素分布处理、颜色空间与测量、颜色变换、几何变换、频率域变换、图像间变换、滤波增强、图像分割、二值运算、二值参数测量、二维三维运动图像测量。专业图像处理软件平台包括：通用图像处理系统 ImageSys、二维运动图像测量分析系统 MIAS 和三维运动图像测量分析系统 MIAS3D。本书比较全面地介绍了机器视觉与图像处理的基本理论和实践应用方向。学习本书内容后，再学算法设计与开发会比较容易。

本书由陈兵旗、梁习卉子、陈思遥编著。陈兵旗从 1993 年初到日本留学开始，一直从事机器视觉与图像处理的学习和研究工作，现任中国农业大学工学院机电系教授，有 30 年的科研、教学和开发经验，2004 年至今出版了 11 本相关著作和教材，获得了广泛好评，为机器视觉技术的发展和应用做了一定的工作。梁习卉子对图像处理算法有深入研究，目前在苏州健雄职业技术学院任教，有着丰富的实践教学经验。陈思遥目前在日本京都大学攻读博士学位，从事生物信息图像传感研究。

由于作者水平所限，书中不妥之处在所难免，敬请广大专家和读者批评指正。

编著者

目 录

第 7 章 ▶

几何变换   65

第 8 章 ▶

频率域变换   78

第 9 章 ▶

图像间变换 105

第 10 章 ▶

滤波增强 117

第 14 章 ▶

二维三维运动图像测量

186

参考文献 ▶

210

| | 第1章 机器视觉基础 | 作用、应用领域、发展前景、硬件、软件、机器人、功能与精度、实践用专业软件介绍与基本设定。 |

第1章 机器视觉基础 → 作用、应用领域、发展前景、硬件、软件、机器人、功能与精度、实践用专业软件介绍与基本设定。

第2章 图像数据与文件 → 采样与量化，彩色与灰度图像，图像显示，图像文件理论与实践，视频文件理论与实践。

第3章 图像视频采集 → 概念与原理，CCD与CMOS图像传感器，DirectX图像采集系统。

第4章 像素分布处理 → 直方图，线剖面图，累计分布图，3D剖面图；保护压板投退状态检测。

第5章 颜色空间与测量 → 颜色空间(RGB、YUV、HSI、L*a*b*、XYZ)，颜色测量；小麦苗列检测。

第6章 颜色变换 → 基础变换、L(朗格)变换、γ(伽马)变换、去雾处理、直方图平滑化，HSI变换，RGB色差变换，自由变换；绿色农田图像检测，红色桃子区域检测。

第7章 几何变换 → 基础知识，单步变换，复杂变换，齐次坐标表示；单目测量系统。

第8章 频率域变换 → 傅里叶变换，小波变换；小麦播种导航路径检测。

第9章 图像间变换 → 图像间运算、运动图像校正与实践；羽毛球检测、车流量检测。

第10章 滤波增强 → 基本概念，去噪声处理，基于微分的边缘检测，Canny算法及实践；插秧机器人导航目标检测。

第11章 图像分割 → 常规阈值、模态法、p参数法、大津法，RGB及HSI彩色分割；排种器试验台图像采集与分割。

第12章 二值运算 → 去噪声、补洞、膨胀、腐蚀、排他膨胀、细线化、轮廓提取等，参数提取；插秧机器人导航目标去噪声。

第13章 二值参数测量 → 几何参数测量，直线参数测量，圆形分离，轮廓测量；农田导航线检测，籽粒分布测量，桃子检测。

第14章 二维三维运动图像测量 → 二维运动图像测量，三维运动图像测量；蜜蜂跟踪检测，三维作物生长检测。

机器视觉技术

第 1 章

机器视觉基础

▶▶ **思维导图**

```
作用、应用领域、发展前景、硬件构成、算法软件、机器人、功能与精度

通用图像处理 ── 实践用软件功能说明与基本设定 ── 二维三维运动图像测量分析
```

1.1 机器视觉的作用

　　提起视觉，自然就会联想到人眼，机器视觉通俗点说就是"机器眼"。同理，由人眼在人身上的作用，也可以联想到机器视觉在机器上的作用。不过，虽然功能大同小异，但是也有一些本质上的差别。二者的相同点在于都是主体（人或者机器）获得外界信息的"器官"，不同点在于获得信息的途径和处理信息的能力不同。

　　对于人眼，一眼望去，人可以马上知道看到了什么东西，其种类、数量、颜色、形状、距离，八九不离十地都呈现在人的脑海里。由于人从小到大长期积累了一些经验，所以能够不假思索说出看到的东西的大致信息，这是人眼结合人脑的优势。但是，请注意，前面所说的人眼看到的只是"大致"信息，而不是准确信息。例如，你一眼就能看出自己视野里有几个人，甚至知道有几个男人、几个女人以及他们的胖瘦和穿着打扮等，包括目标（人）以外的环境都很清楚，但是你说不准他们的身高、腰围、与自己的距离等具体数据，这又是人眼的劣势。假如让一个人到工厂的生产线上去挑选有缺陷的零件，即使在很慢速的生产线上，干一会儿也会出现视觉疲劳，而且可能会出现检查错误。这些确实不是人眼能干的事，是机器视觉干的事。

　　对于机器视觉，上述的工厂在线检测就是它的强项，不仅能够检测产品的缺陷，还能精确地检测出产品的尺寸大小，只要相机分辨率足够，精度达到 0.001mm 甚至更高都不是问题。而像人那样，一眼判断出视野中的全部物品，机器视觉则缺乏足够的经验，很难具有这样的能力。机器视觉不像人眼那样会自动存储曾经"看到过"的东西，如果没有给它输入相关的分析判断程序，它虽然能够"看到"事物，但是依然什么都不知道。当然，它也可以像人那样，通过输入学习程序不断学习东西，但是也还是不可能像人那样什么都懂，起码目前

还没有达到这个水平。

总之，机器视觉是机器的眼睛，可以通过程序实现对目标物体的分析判断，可以检测目标的缺陷，可以测量目标的尺寸、大小，分辨目标的颜色，可以为机器的特定动作提供特定的精确信息。

1.2 机器视觉的应用领域

机器视觉可以应用在社会生产和人们生活的各个方面，总体功能可以概括为检测、定位和识别。在替代人的劳动方面，所有需要用人眼观察、判断的事物，都可以用机器视觉来完成，因此机器视觉最适合用于大量重复动作（例如工件质量检测）和眼睛容易疲劳的判断（例如电路板检查）的场合。对于人眼不能做到的准确测量、精细判断、微观识别等工作，机器视觉能够很好地完成。表 1.1 是机器视觉在不同领域的应用实例。

表 1.1　机器视觉的应用领域及应用实例

应用领域	应用实例
医学	基于 X 射线图像、超声波图像、显微镜图像、磁共振成像（MRI）、CT 图像、红外图像、人体器官三维图像等的病情诊断和治疗，病人监测与看护
遥感	利用卫星图像进行地球资源调查、地形测量、地图绘制、天气预报，以及环境污染调查、城市规划等
宇宙探测	海量宇宙图像的压缩、传输、恢复与处理
军事	运动目标跟踪，精确定位与制导，警戒系统，自动火控，反伪装，无人机侦查
公安、交通	监控，人脸识别，指纹识别，车流量监测，车辆违规判断及车牌照识别，车辆尺寸检测，汽车自动导航
工业	电路板检测，计算机辅助设计（CAD），计算机辅助制造（Computer Aided Manufacturing，CAM），产品质量在线检测，装配机器人视觉检测，搬运机器人视觉导航，生产过程控制
农业、林业、生物	果蔬采摘，果蔬分级，农田导航，作物生长监测及 3D 建模，病虫害检测，森林火灾检测，微生物检测，动物行为分析
邮电、通信、网络	邮件自动分拣，图像数据的压缩、传输与恢复，电视电话，视频聊天，手机图像的无线网络传输与分析
体育	人体动作测量，球类轨迹跟踪测量
影视、娱乐	3D 电影，虚拟现实，广告设计，电影特技设计，网络游戏
办公	文字识别，文本扫描输入，手写输入，指纹密码
服务	看护机器人，清洁机器人

1.3 机器视觉的发展前景

中国目前正处于由劳动密集型向技术密集型转型的时期，对可以提高生产效率、降低人工成本的机器视觉技术有着迫切的需求，中国正在成为机器视觉技术发展较为活跃的国家之一。比如，长三角和珠三角作为国际电子和半导体技术的转移地，同时也就成了机器视觉技术的聚集地。许多具有国际先进水平的机器视觉系统进入中国，国内的机器视觉企业也在与国际机器视觉企业的良性竞争中不断茁壮成长，许多大学和研究所都在致力于机器视觉技术的研究。

在国外，机器视觉主要应用在半导体及电子行业，其中，半导体行业占 40％ ～ 50％，例如，印刷电路（PCB）、表面安装技术（SMT）、电子生产加工设备等。此外，机器视觉还在质量检测的各方面及其他领域均有着广泛应用。

随着人工智能技术的兴起以及边缘设备算力的提升，机器视觉的应用场景不断扩展，并催生了巨大的市场，机器视觉行业迎来了快速发展期。国际资讯公司预测，2025 年全球机器视觉市场规模预计将突破 130 亿美元，2026 年将接近 140 亿美元。据国内新产业智库 GGII（高工产业研究院）预测，我国机器视觉产业未来三年，复合增速接近 24％，到 2026 年我国机器视觉市场规模预计将突破 300 亿元。

国际机器视觉市场的高端市场主要被美、德、日品牌占据。我国机器视觉起步较晚，但由于我国下游行业应用较为广泛，发展较为迅速。目前，我国各种类型的机器视觉企业已超过 4000 家。

当前智能制造发展得如火如荼，为社会带来持续不断的动能。无论是"中国制造 2025"还是"工业 4.0"都离不开智能制造，离不开机器视觉，而机器视觉技术必将作为智能制造领域的"智慧之眼"不断发展进步。

1.4　机器视觉的硬件构成

如果将机器视觉和人眼系统进行类比，那么人眼系统的主要工作硬件构成笼统点说就是眼珠和大脑，机器视觉的硬件构成也可以大概说成是图像采集设备和计算机，如图 1.1 虚线框内所示。图像采集设备除了摄像装置之外，还有图像采集卡、光源等。以下对计算机和图像采集设备做较详细的说明。

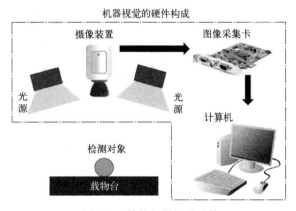

图 1.1　简易机器视觉系统

1.4.1 计算机

计算机的种类很多，有台式计算机、笔记本计算机、平板电脑、工控机等，但是其核心部件都是中央处理器、内存、硬盘和显示器，只不过不同计算机核心部件的形状、大小和性能不一样而已。

（1）中央处理器

中央处理器也叫 CPU（Central Processing Unit），如图 1.2 所示，属于计算机的核心部位，相当于人的大脑组织，主要功能是执行计算机指令和处理计算机软件中的数据。其发展非常迅速，现在个人计算机的计算速度已经超过了 10 年前的超级计算机。

图 1.2　中央处理器（CPU）

（2）硬盘

硬盘是电脑的主要存储媒介，用于存放文件、程序、数据等，由覆盖有铁磁性材料的一个或者多个铝制或者玻璃制的碟片组成，如图 1.3 所示。

图 1.3　硬盘

硬盘的种类有：固态硬盘（Solid State Disk，SSD）、机械硬盘（Hard Disk Drive，HDD）和混合式硬盘（Hybrid Hard Disk，HHD）。SSD 采用闪存颗粒来存储，HDD 采用磁性碟片来存储，HHD 是把磁性碟片和闪存颗粒集成到一起的一种硬盘。绝大多数硬盘都是固定硬盘，被永久性地密封固定在硬盘驱动器中。

数字化的图像数据与计算机的程序数据相同，被存储在计算机的硬盘中，通过计算机处理后，将图像显示在显示器上或者重新保存在硬盘中以备使用。除了计算机本身配置的硬盘之外，还有通过 USB（通用串行总线）连接的移动硬盘，最常用的就是通常说的 U 盘。随着计算机性能的不断提高，硬盘容量也是在不断扩大，现在一般计算机的硬盘容量都是 TB 数量级，1TB＝1024GB。

（3）内存

内存（Main Memory）也被称为主存储器，如图 1.4 所示，用于暂时存放 CPU 中的运算数据，以及与硬盘等外部存储器交换的数据。只要计算机在运行中，CPU 就会把需要运算的数据调到内存中进行运算，当运算完成后 CPU 再将结果传送出来，例如将内存中的图像数据拷贝到显示器的存储区而显示出来等。因此内存的性能对计算机计算能力的影响非常大。

图 1.4　内存

现在数字图像一般都比较大，例如 900 万像素照相机，拍摄的最大图像是 3456×2592＝8957952 像素，一个像素是红绿蓝（RGB）3 个字节，总共是 8957952×3＝26873856 字节，也就是 26873856÷1024÷1024 ≈ 25.63MB 内存。实际查看拍摄的 JPEG 格式图像文件也就是 2MB 左右，没有那么大，那是因为将图像数据存储成 JPEG 文件时进行了数据压缩，而在进行图像处理时必须首先进行解压缩处理，然后再将解压缩后的图像数据读到计算机内存里。因此，图像数据非常占用计算机的内存资源，内存越大越有利于计算机的工作。现在 32 位计算机的内存一般最小是 1GB，最大是 4GB（2^{32} byte）；64 位计算机的内存，一般最小是 8GB，最大可以达到 128GB（2^{64} byte）。

（4）显示器

显示器（Display）通常也被称为监视器，如图 1.5 所示。显示器是电脑的 I/O 设备，即输入输出设备，有不同的大小和种类。根据制造材料的不同，可分为：阴极射线管（Cathode Ray Tube，CRT）显示器、等离子体显示屏（Plasma Display Panel，PDP）、液晶显示器（Liquid Crystal Display，LCD），等等。显示器可以选择多种像素及色彩的显示方式，从 640 像素×480 像素的 256 色到 1600 像素×1200 像素以及更高像素的 32 位

图 1.5　显示器

的真彩色（True Color）。

1.4.2　图像采集设备

图像采集设备包括摄像装置、图像采集卡和光源等。摄像装置目前基本都是数码摄像装置，而且种类很多，包括 PC（个人计算机）摄像头、工业摄像头、监控摄像头、扫描仪、高级摄像机、手机，等等，如图 1.6 所示。当然观看微观的显微镜和观看宏观的天文望远镜，也都是摄像装置。

PC摄像头　　　　工业摄像头　　　　监控摄像头　　　　扫描仪　　　　高级摄像机　　　手机

图 1.6　摄像装置

摄像装置的关键部件是镜头，相当于人眼的眼角膜，如图 1.7 所示，镜头的焦距越小，近处看得越清楚；焦距越大，远处看得越清楚。对于一般的摄像装置，镜头的焦距是固定的，一般 PC 摄像头、监控摄像头等常用摄像装置镜头的焦距为 4～12mm。工业摄像头和科学仪器镜头，有定焦镜头也有调焦镜头，可以根据需要配置。

定焦镜头　　　　　　　　　调焦镜头　　　　　　　　　长焦镜头

图 1.7　镜头

摄像装置与电脑的连接，一般是通过专用图像采集卡、IEEE1394 接口和 USB 接口，如图 1.8 所示。计算机的主板上都有 USB 接口，有些便携式计算机，除了 USB 接口之外，还带有 IEEE1394 接口。台式计算机在用 IEEE1394 接口的数码图像装置进行图像输入时，如果主板上没有 IEEE1394 接口，需要另配一枚 IEEE1394 图像采集卡。IEEE1394 图像采集卡是国际标准图像采集卡，市场价从几十元到三四百元不等。IEEE1394 接口的图像采集帧率比较稳定，一般不受计算机配置影响，而 USB 接口的图像采集帧率受计算机性能影响较大。现在，随着计算机和 USB 接口性能的不断提高，一般数码设备都趋向于采用 USB 接口，而 IEEE1394 接口多用于高性能摄像装置。对于特殊的高性能工业摄像头，例如采集帧率在一千多帧每秒的摄像头，一般都自带配套的图像采集卡。

在室内生产线上进行图像检测，一般都需要配置一套光源，可以根据检测对象的状态选择适当的光源，这样不仅可以减轻软件开发难度，也可以提高图像处理速度。由于交流电光源会产生一定频率的图像闪烁现象，所以图像处理的光源一般需要直流电光源，特别是在高速图像采集时必须用直流电光源。直流电光源一般采用发光二极管（Light Emitting Diode，

IEEE1394接口

USB接口

图像采集卡

图1.8　图像输入接口

LED），根据具体使用情况做成环形、长方形、正方形、条形等不同形状，如图 1.9 所示。有专门开发和销售图像处理专用光源的公司，这样的专业光源一般都很贵，价格从几千元到几万元不等。

点光源　　　　　条形光源　　　　　环形光源　　　　　方形光源　　　　　背光源

图1.9　直流电光源

1.5　机器视觉的算法软件

　　将机器视觉的硬件连接在一起，即使通上电，如果没有软件也无法工作。还是以人来打比方，机器视觉的硬件就相当于人眼的结构，人眼要起作用，首先必须得是活人，也就是说心脏要跳动供血，这相当于给电脑插电源供电。但是，只是人活着还不行，如果是脑死亡，人眼也不能起作用。机器视觉的软件功能就相当于人脑的功能。人脑功能可以分为基本功能和特殊功能，基本功能一般指人的本性，只要活着，不用学习就会，而特殊功能是需要学习才能实现的功能。图像处理软件功能就是机器视觉的特殊功能，是需要开发商或者用户来开发完成的功能；而电脑的操作系统（Windows 等）和软件开发工具是由专业公司供应，其功能可以认为是电脑的基本功能。这里说的机器视觉的软件是指机器视觉的软件开发工具和开发出的图像处理软件。

　　计算机的软件开发工具包括 C、C＋＋、Visual C＋＋、C♯、Python、Java、BASIC、FORTRAN，等等。由于图像处理与分析的数据处理量很大，而且需要编写复杂的运算程序，从运算速度和编程的灵活性来考虑，C 和 C＋＋是最佳的图像处理与分析的编程语言。目前的图像处理与分析的算法程序多数利用这两种计算机语言来实现。C＋＋是 C 的升级，C＋＋将 C 从面向过程的单纯语言升级为面向对象的复杂语言，C＋＋完全包容 C，也就是说 C 的程序在 C＋＋环境下可以正常运行。Visual C＋＋是 C＋＋的升级，是将不可视的 C＋＋变成了可视型，C 和 C＋＋的程序在 Visual C＋＋环境下完全可以执行，目前最流行的版本是 Visual C＋＋10，全称是 Microsoft Visual Studio 2010（也称 VC＋＋2010、VS2010 等）。本书使用的专业图像处理软件系统：通用图像处理系统 ImageSys、二维运动图像测量分析系统 MIAS 和三维运动图像测量分析系统 MIAS3D，都是在

VS2010 上开发完成的。

1.6 机器人的机器视觉

提起机器人，很多人会联想到人形机器人，有些人会以为只有外形和功能都像人的机器才叫机器人。其实不然，人形机器人只是机器人的一种，更多的机器人则是形状千奇百怪、具备不同专业功能的机器，所以也被称为智能装备，如图 1.10 所示。同样是机器，有些能被称为机器人，而有些则不能，衡量标准就是看它有没有具备一些人脑那样的分析判断功能。具体具备多大的分析判断功能并不重要，只要有分析判断功能，就可以被称为机器人。

工业机器人　　　　农田机器人　　　　人形机器人　　　　探测机器人　　　　智能机床

图 1.10　不同形式的机器人

人眼（视觉）是人脑从外界获取信息的主要途径，占总信息量的 70% 多，除此之外，还有皮肤（触觉）、耳朵（听觉）、鼻子（嗅觉）、嘴巴（味觉）等。与此对应，机器视觉是机器的电脑从外界获得信息的主要途径，其他还有接触传感器、光电传感器、超声波传感器、电磁传感器，等等。由此可知，机器视觉对于机器人是多么重要。

1.7 机器视觉的功能与精度

机器视觉的功能与人眼相似，简单来说就是判断和测量。每项功能都包含了丰富的内容。判断功能可以分为有没有、是不是，以及缺陷检测等，一般不需要借助工具。测量功能，包括尺寸、形状、角度等几何参数的测量和速度、加速度等运动参数的测量。像人眼一样，测量功能一般需要借助工具。例如，要求 0.1mm 的尺寸误差，人眼测量一般需要借助精度为 0.1mm 以上的卡尺；而机器视觉测量，除了需要借助 0.1mm 的卡尺（标定物）之外，还需要相机有足够的分辨率，也就是说需要满足一个像素所代表的实际尺寸能够小于等于 0.1mm。对于不同的功能，虽然精度的概念不一样，但是共同的特点是测量时需要提前将镜头焦距固定、预先标定。以下分别说明不同功能的精度。

（1）判断功能

判断功能可以检查出精度问题。如图 1.11 所示，只有缺陷的大小在图像上用人眼能够看出来，才能进行自动判断。对于静态图像，只要缺陷的面积大于物体自身的纹理结构，机器视觉就可以判断。而对于生产线上的动态判断，除了缺陷的静态大小之外，还需要考虑生产线运行速度和相机采集帧率之间的关系。例如，假设生产线运动速度是 100mm/s，相机的图像采集帧率是 100 帧/s，那么每帧图像间的位移就是 1mm，这样 1mm 以下的缺陷就判断不了。

（2）精密测量

如图 1.12 所示，精密测量一般用于对静态目标的尺寸测量，摄像头垂直被测量目标进行图像采集，通过在测量平台放置标尺来进行相机标定。

图 1.13 是相机标定的实例。图面上"2"到"3"的白线，代表实际距离的 1cm，总共有 146 个像素，那么确定后一个像素就表示 1/146（0.00685）cm。

（3）摄像测量

摄像测量分为单目测量和双目测量，测量内容一般包括位置、距离、角度等。单目测量就是用一台相机拍摄一幅图像，根据标定数据推算测量数据，如图 1.14（a）所示，在相机视野中心附近有个平铺在地上的标定物。双目测量是用两台相机同时拍摄两幅图像，根据标定数据和测量的图像数据，计算出被测物体的三维数据，如图 1.14（b）所示，几个竖直杆是其标定物。

图 1.11　有缺陷的图像

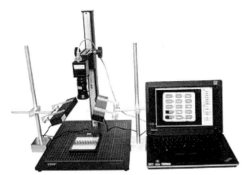

图 1.12　精密测量

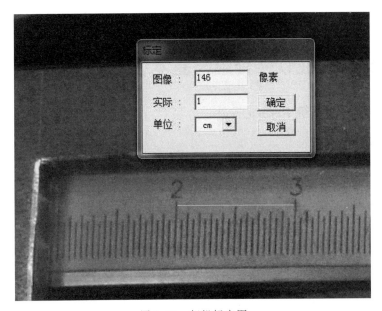

图 1.13　相机标定图

(a) 单目测量   (b) 双目测量

图 1.14　摄像测量

　　摄像测量与上述精密测量的最大差别是：摄像测量的相机一般是斜对被测物体，由于相机对目标物拍照时有一定的倾斜角度，而且一般视野比较大，不能简单地用某处像素所代表的实际大小作为标定值，需要经过几何透视变换来计算标定矩阵，这也决定了摄像测量一般无法获得很高的精度。摄像测量一般是用百分数来表示相对精度，例如误差 1％ 等，而不是用 mm 或者 cm 等来表示绝对数精度。根据经验，10m 之内的测量误差一般在 5％ 之内，距离越远，误差越大，被测物偏离标定物越远，误差也越大。

　　（4）运动测量

　　运动测量的内容一般包括位置、距离、速度、加速度、角度、角速度和角加速度，其中的位置、距离和角度就是上述摄像测量的内容。因此，也可以说，运动测量就是对运动目标的连续摄像测量。速度、加速度、角速度和角加速度等运动参数，则是由目标在每个帧上的位置、距离和角度等数据，结合帧间的时间差计算获得。帧间的时间差也就是帧率，例如 30 帧/s 帧率的帧间时间差就是 1/30s。运动测量的精度和摄像测量相似，一般精度不高，也是用相对精度来描述。

1.8　实践用专业软件介绍与基本设定

1.8.1　通用图像处理系统 ImageSys

1.8.1.1　系统简介

　　ImageSys 是一个大型图像处理系统，主要功能包括图像/多媒体文件处理、图像/视频捕捉、图像滤波、图像变换、图像分割、特征测量与统计、开发平台等，可处理彩色、灰度、静态和动态图像，可处理文件类型：位图文件（bmp）、TIFF 图像文件（tif、tiff）、JPEG 图像文件（jpg、jpeg 等）、文档图像文件（txt）和多媒体视频图像文件（avi、dat、mpg、mpeg、mov、vob、flv、mp4、wmv、rm 等）。图像/视频捕捉采用国际标准的 USB 接口和 IEEE1394 接口，适用于台式计算机和笔记本计算机，可支持一般民用 CCD(电荷耦合器件) 数字摄像机（IEEE1394 接口）和 PC 相机（USB 接口），也可以配套专用图像采集设备。

ImageSys 还提供了一个框架源程序的二次开发平台，附带有包含 400 多条图像处理函数的函数库。二次开发平台，包括图像文件的读入、保存、图像捕捉、视窗程序的基本系统设定等与图像处理无关但不得不做的繁杂程序，也包括部分图像处理程序，可以简单地将自己的程序写入框架程序，不仅能节省大量宝贵的时间，还能参考函数的使用方法。

ImageSys 以其广泛丰富的多种功能，以及伴随这些功能提供给用户的大量可利用的函数，能够适应于不同专业不同层次的需要。用于教学可以向学生展示现代图像处理技术的大多数功能。在实际应用中，可以代替使用者自动计算测量多种数据；可以利用提供的函数库和各种功能进行机器人视觉判断；特别对于利用图像处理的科学研究，可以用本系统提供的丰富功能简单地进行各种试验，快速找到最佳方案，用提供的函数库简单地编出自己的处理程序。

图 1.15 是 ImageSys 的初始界面，在此介绍一下常用的"状态窗"功能说明和系统基本设定。

图 1.15　ImageSys 初始界面

1.8.1.2　"状态窗"功能说明

如图 1.15 所示，"状态窗"用于显示模式、帧模式以及处理区域的设定。

（1）显示模式

① 灰度：选择后，灰度表示图像，点击"灰度"键将交替用灰度或伪彩色表示图像。

② 彩色：选择后，彩色表示图像，点击"全彩色"键将交替用全彩、R 分量、G 分量、B 分量表示图像。R、G、B 分量表示图像时，表示方式与"灰度"键的选择有关。

③ 灰度（伪彩色）：灰度表示方式的选择，参考说明①。

④ 全彩色（R 分量、G 分量、B 分量）：彩色表示方式的选择，参考说明②。

正常情况下，选择"灰度"，读入灰度图像；选择"彩色"，读入彩色图像。

如果选择"灰度"，而读入了彩色图像，系统会自动将彩色图像变换为灰度图像，并显示在图像窗口。

如果选择"彩色",而读入了灰度图像,系统会自动将灰度图像分别读入 R、G、B 帧号,并显示在图像窗口。

（2）帧模式

① 显示帧：表示当前显示帧的序号。可设定序号，也可输入序号。

② 连续显示：依次连续显示从开始帧到结束帧的图像。

③ 等待：设定连续显示的时间间隔，假设该数为 n，时间间隔为 $n \times 33\text{ms}$。

④ 循环：选择后，点击"连续显示"，将循环连续显示各帧上的图像。

⑤ 原帧不保留（原帧保留）：结果帧设定，点击该键将交替表示"原帧保留"和"原帧不保留"。"原帧保留"：图像处理结果显示在下帧上，原图像保留；"原帧不保留"：图像处理结果写在原帧上。

⑥ 开始帧：设定开始帧。

⑦ 结束帧：设定结束帧。结束帧减少时，部分内存被释放；结束帧增加时，重新分配内存，实现了内存的动态管理。初始打开软件，显示的数据是系统设定的帧数，图 1.15 显示系统设定的灰度帧数为 30。

（3）处理区域

① 显示（不显示）：点击后，交替显示或不显示处理区域的周边。

② 固定：点击后，交替选择预先设定的最大处理区域和中间 1/2 处理区域。

③ 生成：以"起点"和"终点"设定的数据建立处理区域。

④ 起点：表示或设定处理区域的起点。输入数据进行处理区域设定时，设定后需执行"生成"命令。

⑤ 终点：表示或设定处理区域的终点。输入数据进行处理区域设定时，设定后需执行"生成"命令。

处理区域的自由设定：移动鼠标到要设定区域的起点，按下"Shift"键后按下鼠标左键；移动鼠标到要设定区域的终点位置，抬起"Shift"键和鼠标左键即可。

1.8.1.3　系统基本设定

ImageSys 的默认系统帧设置为：图面大小为宽 640 像素、高 480 像素，图像帧数为灰度图像 12 帧、彩色图像 4 帧。默认界面语言为汉语，可以进行英语界面设置。下面介绍改变系统帧的设置方法。

① 点击图像窗口右上角的"×"，关闭图像窗口。

② 点击菜单中的"文件"—"系统帧设置"，弹出"设置系统帧"窗口，如图 1.16（a）所示。

③ 设定图像的"宽度""高度"和彩色图像的"帧数"，设定后点击"确定"关闭窗口。设定的图像帧数为彩色帧数，灰度图像帧数为设定数的 3 倍。帧数的临时设定，可以参考"状态窗"功能介绍。

④ 关闭 ImageSys。重新启动 ImageSys 后，设定有效。

⑤ 在读入图像时，如果读入图像的大小与系统帧设置不同时，会自动弹出提示窗口，如图 1.16（b）所示。点击"确定"后，自动重新启动，完成设置，然后重新读入图像。

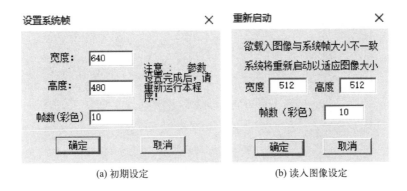

(a) 初期设定   (b) 读入图像设定

图 1.16　系统帧设置

1.8.2　二维三维运动图像测量分析系统

1.8.2.1　二维运动图像测量分析系统 MIAS

二维运动图像测量分析系统 MIAS 可应用于以下领域：人体动作的解析；物体运动解析；动物、微生物等的行为解析；应力变形量的解析；浮游物体的振动、冲击解析；下落物体的速度解析；机器人视觉反馈；等等。

本系统的主要功能及特征包括：

① 多种测量及追踪方式。通过对颜色、形状、亮度等信息的自动追踪，测量运动点的移动轨迹。追踪方式有：全自动、半自动、手动和标识点追踪。

② 多个目标设定功能。在同一帧内，最多可以对 4096 个目标进行追踪测量。

③ 丰富的测量和表示功能。可测量位置、距离、速度、加速度、角度、角速度、角加速度、两线间夹角（三点间角度）、角变量、位移量、相对坐标位置等十余个项目，并可以图表或数据形式表示出来，也可对指定的显示画面单帧或连续帧（动态）存储，同时还具有强大的动态显示功能：动态显示轨迹线图、矢量图等各种计测结果以及与数据的同期显示。

④ 便捷实用的修正功能。对指定的目标轨迹进行修改校正，可进行平滑化处理，对目标运动轨迹去掉棱角噪声，更趋向曲线化。可以进行内插补间修正，消除图像（轨迹）外观的锯齿。还可以进行数据合并，将两个结果文件（轨迹）进行连接。亦可设置对象轨迹的基准帧，添加或删除目标帧等。

图 1.17 是二维运动图像测量分析系统 MIAS 的初始界面。

1.8.2.2　三维运动图像测量分析系统 MIAS3D

MIAS3D 是一套集多通道同步图像采集、二维运动图像测量、三维数据重建、数据管理、三维轨迹联动显示等多种功能于一体的软件系统。

主要应用领域：人体动作解析，人体重心测量，动物行为解析，刚体姿态解析，浮游物体的振动、冲击解析，机器人视觉的反馈，科研教学，等等。

主要功能特点：简体中文及英文界面，操作使用简单；多通道同步图像采集、单通道切换图像采集功能；全套的二维运动图像测量功能；三维的比例设定功能；二维测量数据的三维合成功能；多视觉动态显示三维运动轨迹及轨迹与图像联动功能；基于 OpenGL 的三维运动轨迹自由显示功能；强调显示指定速度区间轨迹功能；各种计测结果的图表和文档显示

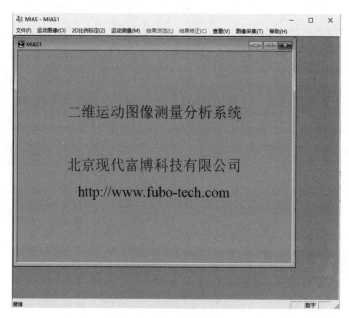

图 1.17　MIAS 初始界面

功能；人体各部位重心轨迹的三维、二维测量显示功能；多个三维测量结果数据的合并、连接功能。

测量的二维三维参数包括：位置、距离、速度、加速度、角度、角速度、角加速度、角变位、位移量、相对坐标位置等。

系统的初始界面如图 1.18 所示。

图 1.18　MIAS3D 初始界面

MIAS 和 MIAS3D 的系统基本设定与 ImageSys 相同，也提供了一个框架源程序的二次开发平台。

 思考题

目前机器视觉技术在日常生活中的应用有：人脸识别、车牌照识别、交通违规监控等。你认为下一个日用机器视觉技术产品会是什么？

第**2**章

图像数据与文件

▶▶ **思维导图**

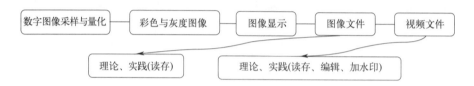

2.1 数字图像的采样与量化

在计算机内部，所有的信息都表示为一连串的 0 或 1 码（二进制的字符串）。每一个二进制位（bit）有 0 和 1 两种状态，八个二进制位可以组合出 $256(2^8 = 256)$ 种状态，称为一个字节（byte）。也可以这样理解，一个字节可以用来表示从 00000000 到 11111111 的 256 种状态，每一个状态对应一个符号，这些符号包括英文字符、阿拉伯数字和标点符号等。采用国标 GB/T 2312—1980 编码的汉字是两个字节，可以表示 $256 × 256 ÷ 2 = 32768$ 个汉字。标准的数字图像数据也是采用一个字节的 256 个状态来表示。

计算机和数码相机等数码设备中的图像都是数字图像，在拍摄照片或者扫描文件时输入的是连续模拟信号，需要经过采样和量化两个步骤，将输入的模拟信号转化为最终的数字信号。

（1）采样

采样（Sampling）是把空间上连续的图像分割成离散像素的集合。如图 2.1 所示，采样越细，像素越小，越能精细地表现图像。采样的精度（空间分辨率）有许多不同的设定，例如采用水平 256 像素×垂直 256 像素、水平 512 像素×垂直 512 像素、水平 640 像素×垂直 480 像素，等等，目前智能手机相机 1200 万像素（水平 4000 像素×垂直 3000 像素）已经很普遍。我们可以看出一个规律，图像长和宽的像素数量都是 8 的整数倍，也就是以字节为最小单位，这是计算机内部的标准操作方式。

采用 ImageSys，依次点击菜单中的"颜色变换"—"自由变换"—"马赛克"。如图 2.2 所示，通过马赛克来看不同分辨率的效果。

(a) 512×512   (b) 256×256   (c) 128×128

(d) 64×64   (e) 32×32   (f) 16×16

图 2.1   不同空间分辨率的图像效果

图 2.2   采样实践

（2）量化

量化（Quantization）是把像素的亮度（灰度）变换成离散的整数值的操作。最简单是用黑（0）和白（1）两个数值，即用 1 位（bit）的两种状态（2 级）来量化，称为二值图像（Binary Image）。图 2.3 表示了量化位数与图像质量的关系：量化越细致（位数越大），灰度级数表现越丰富，灰度分辨率越高。对于 6 位（64 级）以上的图像，人眼几乎看不出有什么区别。计算机中的图像亮度值一般采用 8 位（$2^8 = 256$ 级），也就是一个字节，这意味着像素的亮度是 0~255 之间的数值，形成的灰度图像中，0 表示最黑，255 表示最白。

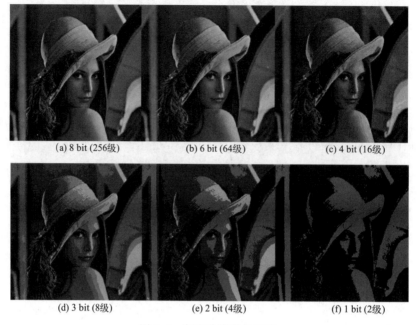

(a) 8 bit (256级)　　　　(b) 6 bit (64级)　　　　(c) 4 bit (16级)

(d) 3 bit (8级)　　　　(e) 2 bit (4级)　　　　(f) 1 bit (2级)

图 2.3　灰度分辨率的影响

采用 ImageSys，依次点击菜单中的"颜色变换"—"颜色亮度变换"—"N 值化"。如图 2.4 所示，用 N 值化功能，实践量化效果。

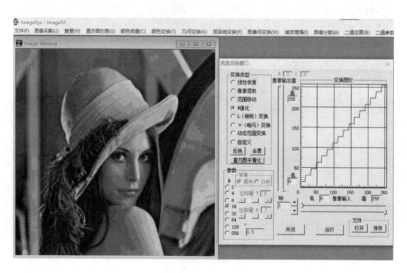

图 2.4　量化实践

2.2　彩色图像与灰度图像

（1）彩色图像

所有颜色都是由红色（Red，R）、绿色（Green，G）和蓝色（Blue，B）3 种颜色调配而成，每种颜色一个字节（8 位），每个字节从 0 到 255 分成了 256 个级，所以根据 R、G、B 的不同组合可以表示 $256 \times 256 \times 256 = 16777216$ 种颜色。组成的图像被称为全彩色图像（Full-Color Image）或者真彩色图像（True-Color Image），也被称为 24 位彩色图像。

一幅全彩色图像如果不压缩，文件将会很大。例如，一幅 640 像素×480 像素的全彩色图像，一个像素由 3 个字节来表示 R、G、B 各个分量，需要保存 $640 \times 480 \times 3 = 921600$ 字节（约 1MB）。

除了全彩色图像之外，还有 256 色、128 色、32 色、16 色、8 色、2 色图像等，这些非全彩色图像，在保存时，为了减少保存的字节数，一般采用调色板（Palette）[或称颜色表（Look Up Table，LUT）] 来保存。历史上由于计算机和数码设备的硬件容量限制，为了节省存储空间，用非全彩色图像的情况较多，现在所有彩色数码相机都是全彩色图像。

上述用 R、G、B 三原色表示的图像被称为位图（Bitmap），有压缩和非压缩格式，后缀是 BMP。除了位图以外，图像的格式还有许多。例如，TIFF 图像，一般用于卫星图像的压缩格式，压缩时数据不失真；JPEG 图像，是被数码相机等广泛采用的压缩格式，压缩时有部分信号失真。

最近数码设备流行使用 RGBA 的 32 位颜色图像，每个像素在 RGB 颜色之后增加了一个字节，用于放置透明度（Alpha，A）数据。当 A 为 255 时，表示图像完全不透明，就是一般的彩色图像；当 A 为 0 时，表示图像完全透明，就是看不见图像；在 0 和 255 之间的值则使得像素可以透过背景显示出来，就像透过玻璃（半透明性）。透明度数据，一般用在影视效果中，图像处理一般不用该数据。

（2）灰度图像

灰度图像（Grayscale Image）是指只含亮度信息、不含色彩信息的图像。在 BMP 格式的图像中没有灰度图像的概念，但是如果每个像素的 R、G、B 完全相同，也就是 R＝G＝B，该图像就是灰度图像（或称单色图像 Monochrome Image）。彩色图像可以由式(2.1) 变为灰度图像，其中 Y 为灰度值，各个颜色的系数是由国际电信联盟（International Telecommunication Union，ITU）根据人眼的适应性确定的。

$$Y = 0.299R + 0.587G + 0.114B \tag{2.1}$$

彩色图像的 R、G、B 分量，也可以作为 3 个灰度图像来看待，根据实际情况对其中的一个分量处理即可，没有必要用式（2.1）进行转换，特别是对于实时图像处理，这样可以显著提高处理速度。图 2.5 是彩色图像由式（2.1）转换的灰度图像及 R、G、B 各个分量的图像，可以看出灰度图像与 R、G、B 分量图像比较接近。

除了彩色图像的各个分量以及彩色图像经过变换获得的灰度图像之外，还有专门用于拍摄灰度图像的数字摄像机，这种灰度摄像机一般用于工厂的在线图像检测。历史上的黑白电视机、黑白照相机等，显示和拍摄的也是灰度图像，这种设备的灰度图像是模拟灰度图像，现在已经被淘汰。

如图 2.6 所示，用 ImageSys 读一帧彩色图像，点击"状态窗"上的"全彩色"按钮，会依次显示 R 分量—G 分量—B 分量—全彩色图像。选择"灰度"后，再读入图像，如果读入的是彩色图像，会按式(2.1) 计算成灰度图像并显示。

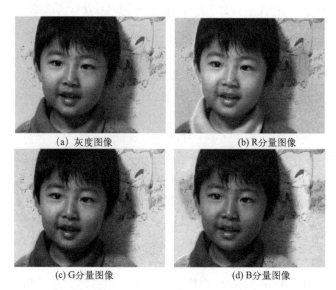

(a) 灰度图像　　　　　　　　　　　(b) R分量图像

(c) G分量图像　　　　　　　　　　(d) B分量图像

图2.5　灰度图像及各个分量图像

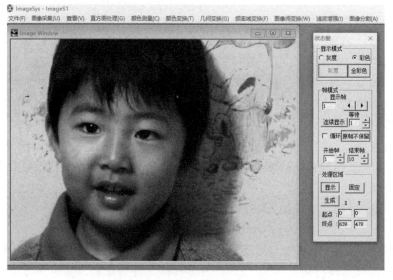

图2.6　彩色与灰度图像实践

2.3 图像的计算机显示

图形适配器（即显示卡）连接在计算机主板上，也连接着计算机屏幕。显示卡里的缓存存储着屏幕每个像素如何发光的信息，计算机的CPU将图像信息写入显示卡的缓存，而显示卡缓存里的显示数据被不断地以极快的频率刷新在屏幕上，形成了我们看到的图像。

采用ImageSys依次点击菜单中的"查看"—"像素值"。如图2.7表示了以"+"符号为中心7×7范围的像素（Pixel）R、G、B分量值。

依次点击菜单中的"查看"—"比例"。图2.8显示了局部放大后的图像，放大后可以看见的图中的各个小方块即为像素。

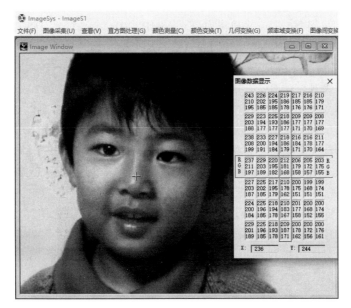

图 2.7　像素值实践

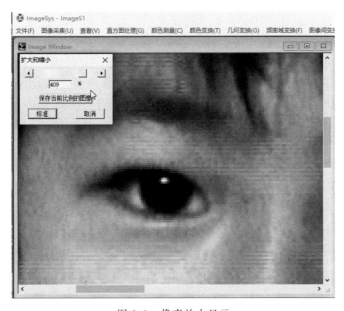

图 2.8　像素放大显示

2.4　图像文件

2.4.1　理论介绍

　　图像文件包含文件头和文件体两部分。文件头的主要内容包括图像文件的信息以及图像本身的参数。文件体主要包括图像数据以及颜色变换查找表或调色板数据。这部分是文件的主体，对文件容量的大小起决定作用。如果是真彩色图像，则无颜色变换查找表或调色板数据。

图像文件格式有很多，可以列举如下：BMP，ICO，JPG，JPEG，JNG，KOALA，LBM，MNG，PBM，PBMRAW，PCD，PCX，PGM，PGMRAW，PNG，PPM，PPM-RAW，RAS，TARGA，TIFF，WBMP，PSD，CUT，XBM，XPM，DDS，GIF，HDR，IF，等等。主要格式有：BMP，TIFF，GIF，JPEG，以下对主要格式分别进行说明。

（1）BMP 格式

BMP（Bitmap，位图）是 DOS 和 Windows 兼容计算机系统的标准 Windows 图像格式。BMP 格式支持 RGB、索引颜色、灰度和位图颜色模式。BMP 格式支持 1、4、24、32 位的 RGB 位图，有非压缩格式和压缩格式，多数是非压缩格式。文件后缀：bmp。

（2）TIFF 格式

TIFF（Tag Image File Format，标记图像文件格式）用于在应用程序之间和计算机平台之间交换文件。TIFF 是一种灵活的图像格式，被所有绘画、图像编辑和页面排版应用程序支持。几乎所有的桌面扫描仪都可以生成 TIFF 图像，属于一种数据不失真的压缩文件格式。文件后缀为：tiff、tif。

（3）GIF 格式

GIF（Graphic Interchange Format，可交换图像数据格式）是一种压缩图像文件格式，用来最小化文件大小和减少电子传递时间。在网络 HTML（超文本标记语言）文档中，GIF 普遍用于现实索引颜色和图像，也支持灰度模式。文件后缀为：gif。

（4）JPEG 格式

JPEG（Joint Photographic Experts Group）是目前压缩比最高（约 95%）的图像文件格式，而且支持多种压缩级别的格式，大多数彩色和灰度图像都使用 JPEG 格式压缩图像，在网络 HTML 文档中，JPEG 格式用于显示图片和其他连续色调的图像文档。JPEG 格式保留 RGB 图像中的所有颜色信息，通过选择性地去掉数据来压缩文件。JPEG 格式是数码设备广泛采用的图像压缩格式。文件后缀为：jpeg、jpg。

2.4.2　ImageSys 图像文件功能

（1）功能介绍

依次点击菜单中的"文件"—"图像文件"。如图 2.9 图像文件操作界面，可以载入、保存和删除图像文件，可以通过点击"信息"查看要读入文件的属性。可以载入一般图像文件，也可以读入和保存本系统特设的 txt 图像文件。可以读入单个文件，也可以读入连续图像文件，即具有相同名称加 4 位连续序号的图像文件组。当选择连续文件时，文件 1 表示连续文件的开始文件，文件 2 表示连续文件的结束文件。点击"浏览"，打开文件浏览窗口，选择要读入的图像文件。当打开的图像大小与显示窗口不一样时，系统会按打开的图像大小重启系统。

窗口内：非选择，即操作处理整帧图像；选择，即操作处理窗口内的图像。处理窗口的设定请查看"状态窗"的说明。

文件的"起始 X"和"起始 Y"：用于设定读入图像文件的起始位置。

帧的"开始"与"结束"：选择设定"连续文件"时有效，用于设定连续图像的开始帧和结束帧。

存储操作：在选择连续保存时（"存储"—"连续文件"）有效。

帧单位：以整帧图像为单位保存。

场单位：以扫描场为单位保存。选择后，可进一步选择"从奇数场开始"或"从偶数场开始"。一幅图像由奇数场和偶数场构成。以场单位连续保存后，图像数量将增加一倍。

间隔：从开始帧到结束帧间隔的图像数。

运行：开始执行选定的图像文件处理。

停止：停止正在进行的运行命令。

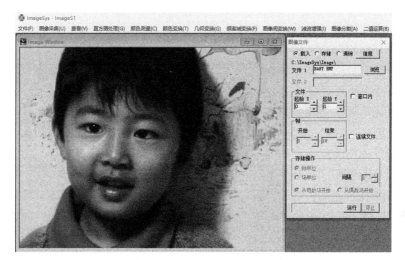

图 2.9　图像文件操作界面

（2）载入的使用方法

① 在"状态窗"选择"载入"的模式：灰度或彩色。

（以下各项在本窗口"图像文件"中进行。）

② 选择"载入"。

③ 输入或选择文件名（"浏览"），读入连续文件时选择连续文件名。

④ 只读入窗口部分时，设定"窗口内"。

⑤ 不想从文件的开始位置（左上角）读入图像时，设定读入的起始点（"起始 X""起始 Y"）。

⑥ 读入连续文件时，设定"连续文件"。

⑦ 读入连续文件时，设定读入开始帧和结束帧（"开始""结束"）。

⑧ 选择"运行"。

（3）存储当前显示的一帧图像的方法

① 选择"存储"。

② 输入或浏览保存的文件名称。输入文件名时，需加扩展名，例如：TEMP. BMP、ABC. JPG、ABC. TIF 等。

③ 只保存处理窗口内的图像时选择"窗口内"。

④ 设定"连续文件"为非选择状态（方框中没有对号）。

⑤ 选择"运行"。

（4）连续存储的使用方法

① 选择"存储"。

② 输入或浏览文件名。输入文件名时，文件名后面需要输入一个数字或者 4 位数的序号，并且需加扩展名，例如：TEMP1.BMP、ABC0001.JPG 等。连续存储时，文件名的序号由系统自动递增。例如连续存储 3 帧的文件，输入存储文件名 TEMP1.BMP，系统存储结果：TEMP1.BMP、TEMP2.BMP、TEMP3.BMP；输入存储文件名 ABC0001.JPG，系统存储结果：ABC0001.JPG、ABC0002.JPG、ABC0003.JPG。

③ 只保存处理窗口内的图像时选择"窗口内"。

④ 设定"连续文件"为选择状态（方框中有对号）。

⑤ 设定连续保存的开始帧（"开始"）。

⑥ 设定连续保存的结束帧（"结束"）。

⑦ 设定存储方式（"存储操作"）：

a. 以整帧图像为单位保存时选择"帧单位"。

b. 以扫描场为单位保存时选择"场单位"。

c. 选择"场单位"后，进一步选择"从奇数场开始"或"从偶数场开始"。

d. 设定图像的间隔数（"间隔"）。

⑧ 开始保存时执行"运行"。

⑨ 想停止正在进行的保存时执行"停止"。

（5）清除位图文件的执行步骤

① 选择"清除"。

② 输入或浏览文件名，清除连续文件时选择连续文件名。

③ 选择"运行"。

2.5 视频文件

2.5.1 理论介绍

视频文件也称为多媒体文件，比较复杂，一般包含三部分：文件头、数据块和索引块。其中，数据块包含实际数据流，即图像和声音序列数据。这是文件的主体，也是决定文件容量的主要部分。索引块包括数据块列表和它们在文件中的位置，以提供文件内数据随机存取能力。文件头包括文件的通用信息，定义数据格式、所用的压缩算法等参数。不同文件格式的具体内容也不一，常用的视频文件格式有：AVI、WMV、MPEG，以下分别进行说明。

（1）AVI 格式

AVI 格式（Audio Video Interleaved Format，音频视频交错格式）是由微软公司制定的视频格式，历史比较悠久。AVI 格式调用方便、图像质量好，压缩标准可任意选择，是应用最广泛的格式。文件后缀为：avi。

（2）WMV 格式

WMV（Windows Media Video）格式是微软公司开发的一组数位视频编解码格式的通称，是 ASF（Advanced Systems Format，高级串流格式）的升级。文件后缀为：wmv、asf、wmvhd。

（3）MPEG 格式

MPEG（Moving Picture Experts Group）格式是国际标准化组织（ISO）认可的媒体封

装形式，包括了 MPEG-1、MPEG-2 和 MPEG-4 在内的多种视频格式，受到大部分机器的支持。

MPEG-1 格式和 MPEG-2 格式采用的是以仙农信息论为基础的预测编码、变换编码、熵编码及运动补偿等第一代数据压缩编码技术。MPEG-1 格式的分辨率为 352 像素×240 像素，帧速率为 25 帧每秒，广泛应用在 VCD（数字视频光盘）、游戏和网络视频的制作上。使用 MPEG-1 格式的压缩算法，可以把一部 120min 长的电影压缩到 1.2GB 左右大小。MPEG-2 格式主要应用于 DVD（数字通用光碟）的制作，同时在一些 HDTV（高清电视）和一些高要求视频的编辑、处理上面也有相当多的应用。使用 MPEG-2 格式的压缩算法，可以将一部 120min 长的电影压缩到 5～8GB 的大小，MPEG-2 格式的图像质量很高，是 MPEG-1 格式无法比拟的。

MPEG-4（ISO/IEC 14496）格式符合基于第二代压缩编码技术制定的国际标准，它以视听媒体对象为基本单元，采用基于内容的压缩编码，以实现数字视音频、图形合成应用及交互式多媒体的集成。

MPEG 系列格式对 VCD、DVD 等视听消费电子及数字电视（DTV）和高清电视（HDTV）、多媒体通信等信息产业的发展产生了巨大而深远的影响。MPEG 格式的控制功能丰富，可以有多个视频（即角度）、音轨、字幕（位图字幕），等等。MPEG 格式的一个简化版本 3GP 还被广泛用于 3G 手机上。文件后缀：dat（用于 DVD）、vob、mpg/mpeg、3gp/3g2/ mp4（用于手机）等。

2.5.2 ImageSys 多媒体文件功能

依次点击菜单中的"文件"—"多媒体文件"，弹出如图 2.10 所示的多媒体文件读入界面。

（1）读入功能介绍

可以读入（载入）AVI、MP4、WMV、MKV、FLV、RM、DAT、MOV、VOB、MPG、MPEG 等多种视频文件格式。

① 载入：选择多媒体文件的读入。

② 文件：显示读入的文件名称。

③ 浏览：载入文件选择窗口，选择要读入的多媒体文件。当选择的图像大小与系统设定大小不同时，会弹出填入要读入图像大小的系统设定窗口。执行"确定"后，自动关闭系统，按设定图像大小和系统帧数重新启动系统。执行"取消"时，保持原系统设定。

④ 播放：预览要读入的多媒体文件。

⑤ 窗口内：非选择，读入整帧画面；选择，读入所选定的处理窗口内画面。处理窗口的设定请查看"状态窗"的说明。

⑥ 系统帧："开始帧"，设定读入 ImageSys 的开始帧；"结束帧"，设定读入 ImageSys 的结束帧。

⑦ 文件帧："间隔"，设定文件的读入间隔；"起始 X"，设定要读入文件的图面上的起点 X 坐标；"起始 Y"，设定要读入文件的图面上的起点 Y 坐标；"开始帧"，设定要读入的文件的开始帧；"终止帧"，自动显示所读入文件的最后一帧。

⑧ 运行：开始读入图像。

⑨ 停止：停止正在执行的读入操作。

⑩ 关闭：关闭窗口。

（2）多媒体文件的读入方法

① 选择"载入（L）"。

② 选择或浏览读入文件。

③ 选择文件后，想预览文件时可以执行"播放"。播放控制面板如图 2.11 所示。

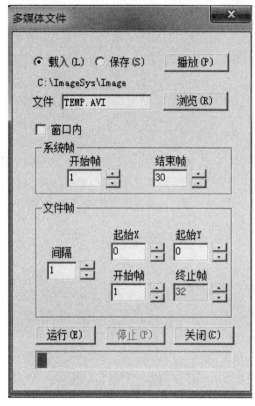

图 2.10　多媒体文件读入界面

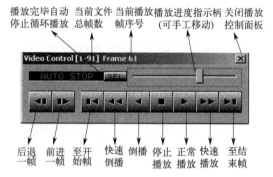

图 2.11　播放控制面板

④ 如需读入指定的处理窗口内的图像时，选择"窗口内"。

⑤ 设定读入系统帧的开始帧和结束帧。

⑥ 设定文件的读入方法（视频帧），内容有：图像"间隔"、图面上的起点（"起始 X"
"起始 Y"）和图像"开始帧"。

⑦ 选择"运行"。

⑧ 想停止正在进行的读入时执行"停止"。

（3）保存功能介绍

图 2.12 是多媒体文件的保存界面，可以保存成 AVI 和 MOV 视频文件格式，可以选择
多种压缩模式。

① 保存：选择多媒体文件的保存。

② 文件：可输入或浏览多媒体文件名。

③ 浏览：选择保存位置和设定保存文件名。

④ 窗口内：非选择，保存整帧图像；选择，保存处理窗口内的图像。处理窗口的设定
请查看"状态窗"的说明。

⑤ 帧存储："开始帧"，设定要保存的文件的开始帧；"终止帧"，设定要保存的文件的终止帧。

⑥ 存储操作："帧比率"，设定文件的播放速度，一般播放速度为 30 或 15 帧图像每秒；"间隔"，从文件的开始帧到终止帧的间隔数；"各帧"，以整帧图像为单位保存；"各场"，以扫描场为单位保存，选择后，可进一步选择"先奇数场"或"先偶数场"。先奇数场，从奇数场开始保存图像。先偶数场，从偶数场开始保存图像。

⑦ 运行：开始保存多媒体文件。保存彩色图像时，会出现压缩方式的选择窗口，可以选择多种压缩格式，默认为非压缩模式。

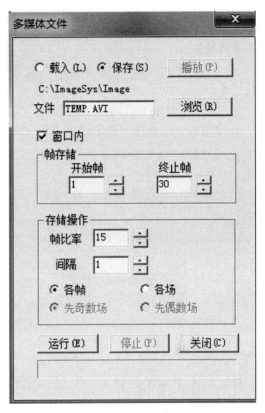

图 2.12　多媒体文件保存界面

⑧ 停止：停止正在执行的保存操作。

⑨ 关闭：关闭窗口。

（4）多媒体文件的保存方法

① 选择"保存"。

② 输入或浏览要保存的多媒体文件名。

③ 只保存处理窗口内的图像时选择"窗口内"。

④ 选择要保存图像的开始帧和终止帧。

⑤ 设定保存方式（"存储操作"）：

a. 设定文件的播放速度（"帧比率"）。

b. 设定要保存图像的间隔（"间隔"）。

c. 以整帧图像为单位保存时选择帧单位（"各帧"）。

d. 以扫描场为单位保存时选择场单位（"各场"）。

e. 选择场单位后，进一步选择"先奇数场"或"先偶数场"。

⑥ 选择"运行"，出现压缩选择窗口时，选择压缩方式。

⑦ 想停止正在进行的保存时执行"停止"。

2.5.3　多媒体文件编辑

依次点击菜单中的"文件"—"多媒体文件编辑"，弹出如图 2.13 所示的"多媒体文件编辑"界面。可以进行 1 个或 2 个视频（图像）文件的编辑，读入两个视频文件时可以两个视频文件进行穿插编辑。可以把单个图像文件插入视频中或者可以从视频中截取单个图像文件。多媒体文件编辑的优点在于内存的大小对其没有限制，可以对所要获取的视频帧数任意设置进行编辑。能够编辑的多媒体文件格式包括：AVI、MP4、WMV、MKV、FLV、RM、DAT、MOV、VOB、MPG、MPEG 等多种。

① 操作文件数选择：选择对 1 个文件或 2 个文件进行编辑。

② 文件 1：选择读入第一个多媒体文件。

③ 文件 2：选择读入第二个多媒体文件。

④ 浏览：载入文件选择窗口，选择要读入的多媒体文件。

⑤ 文件帧数：显示所读入多媒体文件的帧数。

⑥ 读取帧数：设定连续读取帧数。

⑦ 间隔数：设定读入间隔数。

⑧ 起始帧：设定要读入多媒体文件的起始帧。

⑨ 结束帧：设定要读入多媒体文件的结束帧。

⑩ 保存到：设置保存的文件路径和文件名字。

⑪ 运行：开始按设置编辑图像。

⑫ 停止：停止正在执行的编辑操作。

⑬ 关闭：关闭窗口。

2.5.4 添加水印

依次点击菜单中的"文件"—"添加水印"。主要功能是在多媒体文件上添加水印，可以对单帧的多媒体文件添加单条水印或者多

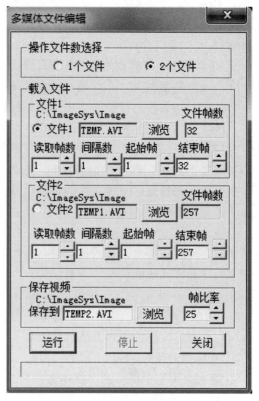

图 2.13　多媒体文件编辑界面

条水印，也可以对多帧视频文件添加水印。其主要优点在于操作简便，灵活自由。图 2.14 是添加水印的界面及实例。下面说明界面功能。

图 2.14　添加水印功能界面及实例

① 输入文字：在"输入文字"编辑框内输入水印文字。

② 字体：设置水印文字的属性，单击后弹出字体设置窗口。

③ 颜色：设置水印颜色，单击"颜色"后弹出颜色选择窗口。

④ 显示：按照"字体"以及"颜色"设置，将编辑窗口内的水印文字显示在屏幕上。

⑤ 确定：将显示在屏幕上的水印文字保存至当前显示帧图像中。

⑥ 清屏：清除已显示在屏幕上的水印文字。

⑦ 删除：添加多条水印时，选择"删除"，从尾到首逐条删除已确定在屏幕上的水印文字。

⑧ 原文件：显示读入的文件名称。可以通过其后的"浏览"选择要读入的多媒体文件，单击"浏览"选择视频文件后，自动弹出播放器，可以通过播放器观看选择的视频文件。

⑨ 保存到：输入或者浏览保存的多媒体文件名。

⑩ 帧比率：设定保存视频文件的播放速度。例如，该数为 15 时，表示播放速度为 15 帧图像每秒。

⑪ 保存：执行添加水印操作。

⑫ 停止：停止正在执行的操作。

⑬ 关闭：关闭窗口。

ImageSys 文件菜单里还有"屏幕捕捉"和"图像/视频旋转"功能，这里不做介绍。

 思考题

1. 为什么灰度图像的黑色像素值是 0、白色像素值是 255？

2. 1200 万像素的彩色图像，最多有多少种颜色？

第3章

图像视频采集

思维导图

基本概念与原理 —— CCD与CMOS图像传感器 —— 实践：DirectX图像采集

3.1 基本概念与原理

3.1.1 基本概念

图像视频采集的基本概念如表 3.1 所示。

表 3.1 基本概念

概念		释义
图像采集卡		图像采集卡是图像采集部分和处理部分的接口。图像经过采样、量化以后转换为数字图像并输入、存储到帧存储器的过程，叫作采集，或者称为数字化
A/D 转换		图像量化处理是将相机所输出的模拟图像信号转换为 PC 所能识别的数字信号的过程，即 A/D 转换。图像量化处理是图像采集处理的重要组成部分
传输通道数		采集卡同时对多个相机进行 A/D 转换的能力，如：2 通道、4 通道
分辨率		采集卡能支持的最大点阵反映了其所能支持的相机最大分辨率
采样频率		采样频率反映了采集卡处理图像的速度和能力。在进行高速图像采集时，需要注意采集卡的采样频率是否满足要求
传输速率		指图像由采集卡到达内存的速率。普通 PCI（外设部件互连）接口理论传输速率为 132MB/s，PCI-E、PCI-X 是更高速的总线接口
图像格式（像素格式）	黑白图像	通常情况下，图像灰度等级可分为 256 级，即以 8 位表示。在对图像灰度有更精确要求时，可用 10 位、12 位等来表示
	彩色图像	彩色图像可由 RGB 或 YUV 三种色彩组合而成，根据其亮度级别的不同，有 8－8－8、10－10－10 等格式
颜色空间		对一种颜色进行编码的方法统称为颜色空间或色域。一般有：RGB（16 位/24 位/32 位），YUV（Y/Cb/Cr），HSI（色度/色饱和度/亮度），Alpha 通道，等等

概念	释义
帧和场	标准的模拟图像信号是隔行信号,一帧分成两场,偶数场包含所有的偶数行(0,2,…),奇数场包含所有的奇数行(1,3,…)。采集和传输的过程中使用的是场,而不是帧,一帧图像的两场之间有时间差

3.1.2　原理与分类

（1）基本原理

图像视频采集就是将视频源的模拟信号经过接口送到采集卡，在采集卡上的模数转换器（Analog-to-Digital Converter，ADC）上进行采样和量化处理转变成数码信息，并将这些数码信息存储在电脑上。通常在采集过程中，对数码信息还要进行一定形式的实时压缩处理。ADC 实际上也是一个视频解码器，采用不同的颜色空间可选择不同的视频解码器芯片。

当图像采集卡的信号输入速率较高时，需要考虑图像采集卡与图像处理系统之间的带宽问题。在使用 PC 时，图像采集卡采用 PCI 接口的理论带宽峰值为 132MB/s。

（2）可采集图像视频信号分类

① 模拟视频和数字视频信号；

② 标准视频和非标准视频信号；

③ 隔行和逐行扫描方式信号；

④ 灰度（黑白）和彩色输出信号；

⑤ 复合和各种分量式彩色视频信号。

（3）图像采集卡分类

① 按照信号源：数字采集卡（使用数字接口）和模拟采集卡。

② 按照安装链接方式：外置采集卡（盒）和内置式板卡。

③ 按照视频压缩方式：软压卡（消耗 CPU 资源）和硬压卡。

④ 按照视频信号输入输出接口：IEEE1394 采集卡、USB 采集卡、HDMI（High Definition Multimedia Interface，高清晰度多媒体接口）采集卡、DVI（Digital Visual Interface，数字视频接口）/VGA（Video Graphic Array，视频图形阵列）图像采集卡、PCI 视频卡。

⑤ 按照其性能作用：电视卡、图像采集卡、DV（数字摄像机）采集卡、电脑视频卡、监控采集卡、多屏卡、流媒体采集卡、分量采集卡、高清采集卡、笔记本采集卡、DVR（Digital Video Recorder，数字录像设备）卡、VCD 卡、非线性编辑卡（简称非编卡）。

⑥ 按照其用途：广播级图像采集卡、专业级图像采集卡、民用级图像采集卡。档次的高低主要是采集图像的质量不同，区别主要是采集的图像指标不同。

由于 VGA 图像采集卡一般都是内置式板卡，也就是在安装使用时，需要插在 PCI 扩展槽中。配置的台式计算机主板中都带有固定的扩展插槽，其直接与计算机的系统总线连接。用户可以根据自身使用情况增加声卡、显卡、视频采集卡等设备。视频采集卡是连接视频源和计算机的桥梁，所以在采集卡的板卡中都有两个连接设备：一个是连接视频源的视频接口，比如 VGA 接口、DVI 接口、USB 接口、IEEE1394 接口等；另一个是连接计算机主板的插槽系列或 USB 接口，而板卡扩展插槽主要有 PCI 插槽、PCI-E 插槽、ISA（工业标准结构总线）插槽、AGP（加速图形端口）插槽等。

（4）输出接口类型

根据不同的应用方向，为配合所接摄像头，图像采集卡有多种输出接口，其主要接口有 BNC（Bayonet Nut Connector，刺刀螺母连接器）、VGA、Cameralink、LVDS（Low Voltage Differential Signal，低电压差动信号）、DVI、USB、FireWire 等。

3.2 CCD 与 CMOS 图像传感器

图像传感器是数字成像系统的主要构建模块之一，对整个系统性能有很大影响。两种主要类型的图像传感器是 CCD 和 CMOS 图像传感器。

3.2.1 CCD 图像传感器

CCD（Charged Coupled Device，电荷耦合器件）图像传感器于 1969 年在贝尔试验室研制成功，之后由日商等公司开始量产。

其基本原理是采用一种高感光度的半导体材料，将光线照射引起的电信号转换成数字信号，使得其高效存储、编辑、传输都成为可能。经过多年的发展，从初期的 10 多万像素已经发展至目前主流应用的 2000 多万像素。

CCD 图像传感器可分为线阵（Linear Array）与面阵（Area Array）两种，其中线阵应用于影像扫描器及传真机上，而面阵主要应用于工业相机、数码相机、摄录影机、监视摄影机等多项影像输入产品上。

3.2.2 CMOS 图像传感器

CMOS 是 Complementary Metal Oxide Semiconductor（互补金属氧化物半导体）的缩写。CMOS 有三个应用领域，呈现出迥然不同的外观特征。

① 用于计算机信息保存，CMOS 作为可擦写芯片使用，在这个领域，用户通常不会关心 CMOS 的硬件问题，而只关心写在 CMOS 上的信息，也就是 BIOS（基本输入输出系统）的设置问题，其中提到最多的就是系统故障时拿掉主板上的电池，进行 CMOS 放电操作，从而还原 BIOS 设置。

② 在数字影像领域，CMOS 作为一种低成本的感光元件技术被发展出来，市面上常见的数码产品，其感光元件主要就是 CCD 或者 CMOS，尤其是低端摄像头产品，而通常高端摄像头感光元件都是 CCD。

③ 在更加专业的集成电路设计与制造领域。

3.2.3 CCD 与 CMOS 图像传感器的区别

（1）成像过程

CCD 与 CMOS 图像传感器光电转换的原理相同，它们最主要的差别在于信号的输出过程不同：由于 CCD 图像传感器仅有一个（或少数几个）输出节点统一输出，其信号输出的一致性非常好；而 CMOS 图像传感器中，每个像素都有各自的信号放大器，各自进行电荷-电压的转换，其信号输出的一致性较差。但是 CCD 图像传感器为了读出整幅图像信号，要求输出放大器的信号带宽较宽，而在 CMOS 图像传感器中，每个像元中的放大器的带宽要求较低，大大降低了芯片的功耗，这就是 CMOS 图像传感器功耗比 CCD 图像传感器要低的主要原因。尽管降低了功耗，但是数以百万的放大器的不一致性却带来了更高的固定噪声，这又是 CMOS 图像传感器相对 CCD 图像传感器的固有劣势。

（2）集成性

从制造工艺的角度看，CCD 图像传感器中电路和器件是集成在半导体单晶材料上，工艺较复杂，世界上只有少数几家厂商能够生产 CCD 晶元，如 DALSA、SONY、松下等。CCD 图像传感器仅能输出模拟电信号，需要后续的地址译码器、模数转换器、图像信号处理器处理，并且还需要提供三组不同电压的电源同步时钟控制电路，集成度非常低。而CMOS 图像传感器是集成在被称作金属氧化物的半导体材料上，这种工艺与生产数以万计的计算机芯片和存储设备等半导体集成电路的工艺相同，因此生产 CMOS 图像传感器的成本相对 CCD 图像传感器低很多。同时 CMOS 图像传感器能将图像信号放大器、信号读取电路、A/D 转换电路、图像信号处理器及控制器等集成到一块芯片上，只需一块芯片就可以实现相机的所有基本功能，集成度很高，芯片级相机概念就是从这产生的。随着 CMOS 成像技术的不断发展，越来越多的公司可以提供高品质的 CMOS 成像芯片，包括：Micron、CMOSIS、Cypress 等。

（3）速度

CCD 图像传感器采用逐个光敏输出，只能按照规定的程序输出，速度较慢。CMOS 图像传感器有多个电荷-电压转换器和行列开关控制，输出速度快很多，目前大部分 500 帧/秒以上的高速相机都是 CMOS 相机。此外 CMOS 图像传感器的地址选通开关可以随机采样，实现子窗口输出，在仅输出子窗口图像时可以获得更高的速度。

（4）噪声

CCD 图像传感器技术发展较早，比较成熟，采用 PN 结或二氧化硅（SiO_2）隔离层隔离噪声，成像质量相对 CMOS 图像传感器有一定优势。由于 CMOS 图像传感器集成度高，各元件、电路之间距离很近，干扰比较严重，噪声对图像质量影响很大。近年来，CMOS电路消噪技术的不断发展，为生产高密度优质的 CMOS 图像传感器提供了良好的条件。

由于 CMOS 图像传感器的技术日趋进步，同时具有成像速度快、功耗少、成本低的优势，所以现在市面上的工业相机大部分使用的都是 CMOS 图像传感器。

3.3 DirectX 图像采集系统

ImageSys 配套有多种图像采集方式，这里只介绍基于 DirectShow 的直接图像采集。

DirectShow 是微软公司提供的一套在 Windows 平台上进行流媒体处理的开发包，9.0版本之前与 DirectX 开发包一起发布，之后包含在 Windows SDK 中。

运用 DirectShow，可以很方便地从支持 DWDM（Dense Wavelength Division Multiplexing，密集波分复用）驱动模型的采集卡上捕获数据，并且进行相应的后期处理乃至存储到文件中。广泛地支持各种媒体格式，包括 ASF、MPEG、AVI、DV、MP3、WAVE，等等，使得多媒体数据的回放变得轻而易举。另外，DirectShow 还集成了 DirectX 其他部分

（比如 DirectDraw、DirectSound）的技术，直接支持 DVD 的播放、视频的非线性编辑，以及与数字摄像机的数据交换。

直接图像采集可支持一般民用 CCD 数字摄像机（IEEE1394 接口）、PC 相机（USB 接口）和部分工业相机。

使用 CCD 数字摄像机 IEEE1394 接口时，采集到硬盘时的捕捉速度与摄像机的制式有关，通常 PAL（可编程阵列逻辑电路）制式 25 帧/秒，NTSC 制式 30 帧/秒；采集到系统帧（内存）时的捕捉速度与计算机的处理速度有关。使用 USB 接口捕捉时，采集到硬盘、内存的捕捉速度都与计算机处理速度有关。通过对捕捉方式的设定，可将图像捕捉到系统帧上，或将图像采集到硬盘上。

点击 ImageSys 的"图像采集"菜单，可以打开如图 3.1 所示的图像采集界面，显示的图像是笔记本电脑自带摄像头的图像，外接其他摄像装置时，可以选择。

图 3.1　图像采集界面

（1）界面功能

界面功能如表 3.2 所示。

表 3.2　界面功能

功能	具体说明
装置一览	列出与计算机连接的有效摄像装置以供选择
关闭	关闭窗口
操作一览	列出摄像装置的功能设置一览表，打开各项可设置摄像装置的功能，项目内容与摄像装置有关
采集速率	默认为相机的额定帧率，可以小于默认帧率
采集文件	显示被采集到硬盘中的图像的位置及文件名，选择"捕捉方式—硬盘"后，可点击"重设定"键进行设定
重设定	重新设定被采集到硬盘中的图像的位置及文件名，设定后显示在"采集文件"的下面
回放	播放被采集到硬盘中的图像
另存为	将采集后的图像另存为其他文件名称

功能	具体说明
可用硬盘空间	硬盘的空闲容量或硬盘可利用的容量
硬盘到存储器	选择后"变换"键有效
变换	将采集到硬盘的图像转换到系统帧上
限定时间	设定采集到硬盘的时间,默认为 1s
限定帧数	设定采集到硬盘的帧数
最大	将采集帧数设为硬盘最大容量(帧数)
内存	选择后将图像捕捉到系统帧上
硬盘	选择后将图像采集到硬盘上
开始	设定捕捉到系统帧上的开始帧号
终止	设定捕捉到系统帧上的终止帧号
捕捉	开始捕捉图像
停止	停止捕捉图像
预览(停止预览)	当动态显示图像时,执行后停止动态显示;当非动态显示时,执行后进行动态显示
捕捉信息	显示已采集帧数及采集时间

（2）使用方法

① 连接摄像装置到计算机（IEEE1394、USB）上，摄像装置有电源时打开电源，设定到摄像状态或者播放状态。

② 打开图像采集窗口。打开图像采集窗口后将自动预览（非摄像状态时须执行播放）。

③ 连接有两台以上摄像装置时，可以分别选择各装置（"装置一览"）以确认是否正常。

④ 可以执行"预览"或"停止预览"。

⑤ 捕捉图像到系统帧上时：

a. 选择帧捕捉方式（"捕捉方式"—"内存"）。

b. 设定系统帧的开始帧号和终止帧号（"系统帧"—"开始""终止"）。**如果终止帧不够，可以在"状态窗"上增设终止帧。**

c. 在"状态窗"上确认采集图像的模式：灰度或彩色。

d. 执行"捕捉"命令。

e. 捕捉途中想停止时，执行"停止"。

f. 在"状态窗"上逐次选择"显示帧"或者执行"连续显示"，以确认采集的图像。

g. 重新预览图像（"预览"）。

⑥ 采集图像到硬盘上时：

a. 选择硬盘捕捉方式（"捕捉方式"—"硬盘"）。

b. 想改变文件名时，执行"重设定"。

c. 为了有效地采集图像，可以根据需要预设文件空间，默认值为 10MB。

d. 可根据自己的需求在"采集速率"输入框内设置。**默认帧率为相机的最大帧率，采集比较稳定。**

e. 可根据需要在"限定时间"输入框内设置限定的采集时间。

f. 可根据自己的需求在"限定帧数"输入框内设置帧数，或点击"最大"按钮，将帧数设置为硬盘可存储的最大帧数。**时间限定优先。**

　　g. 采集到硬盘时，都以相机的固有模式（彩色相机或灰度相机）进行采集。

　　h. 点击"捕捉"按钮开始捕捉。

　　i. 捕捉途中想停止时，执行"停止"，否则完成设定帧数自动停止采集。

　　j. 捕捉后执行"回放"以确认捕捉的图像。

　　k. 如果想将采集后的图像转换到帧号上，可以选择"硬盘到存储器"后执行"变换"。

　　l. 重新"预览"图像。

　　⑦ "关闭"窗口。

 思考题

　　1. 高速摄像机（帧率大于 100 帧/秒），为什么不能用 USB 接口采集图像？

　　2. DirectX 图像采集可以用于手机图像采集吗？

第 4 章

像素分布处理

▶▶ 思维导图

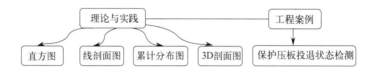

4.1 直方图

（1）功能介绍

这里的直方图是指图像的像素数累计分布图。灰度图像像素的最大灰度值是 255（白色），最小灰度值是 0（黑色），从 0 到 255，共有 256 级，计算出一幅图像上每一级的像素数，然后用分布图表示出来。

如图 4.1 所示，直方图的横坐标表示 0～255 的像素级（灰度值），纵坐标表示像素数或者占总像素的比例。计算出直方图是灰度图像目标提取的重要步骤之一。

通过直方图能够很方便地看出：①图像中各像素级的像素数分布情况；②各像素数之间的差别。

（2）功能演示

打开 ImageSys，读入一帧灰度或彩色图像，然后依次点击菜单中的"像素分布处理"—"直方图"，可以打开如图 4.2 所示的"直方图"界面。

图 4.2(a) 为读入灰度图像时的"直方图"界面，图 4.2(b) 为读入彩色图像时的"直方图"界面。可以选择直方图的类型：灰度、彩色 RGB、R 分量、G 分量、B 分量，彩色 HSI、H 分量、S 分量、I 分量。可以依次显示所选类型的像素区域分布直方图的最小值、最大值、平均值、标准差、总像素等，也可以显示所选类型的像素区域分布直方图，以及剪切和打印直方图。可以查看直方图上数据的分布情况，可以读出以前保存的数据、保存当前数据、打印当前数据。保存的数据可以用 Microsoft Excel 打开，重新做分布图。

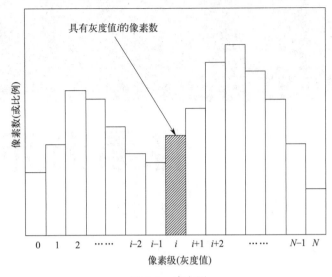

图 4.1 直方图

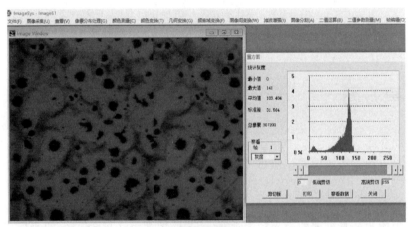

(a) 灰度图像模式

(b) 彩色图像模式

图 4.2 直方图功能界面

4.2 线剖面图

（1）功能介绍

线剖面图用于查看一条线上的灰度值或 RGB 值曲线图。在图像中任意画一条线段，即可知道该线段上的像素分布情况，非常灵活方便。比如在图 4.3 中，如果想知道桃子和周围背景在颜色上的明显差异，图中用鼠标横向选取了一条线段贯穿了最上边的桃子中间，在右侧的线剖面图中可以观察到：该线段对应桃子所在的位置，R 的曲线明显高于 G 和 B 曲线。我们可以在右侧线剖面图窗口中左右移动鼠标，有一个对应的垂直线段跟着鼠标移动，与此同时，在对应的原图鼠标所选取的线段中，也有一个亮点一并跟随移动，由此可以分析在这条线段上每一处的像素是怎样分布的，这个功能对于分析目标特征非常实用。

（2）功能演示

打开 ImageSys，读入一帧彩色或灰度图像，然后依次点击菜单中的"像素分布处理"—"线剖面"，打开"线剖面"界面。按鼠标左键在图像上画线，线上的像素就显示在"线剖面"界面上，如图 4.3 所示。

图 4.3　线剖面功能界面

可选择的线剖面图类型包括：灰度、彩色 RGB、R 分量、G 分量、B 分量、彩色 HSI、H 分量、S 分量、I 分量等。

选择单个分量时，在窗口左侧会显示该分量线剖面的平均值和标准偏差。可以对线剖面进行移动平滑和小波平滑。移动平滑可以设定平滑距离。小波平滑可以设定平滑系数、平滑次数、去高频和去低频。去高频是将高频信号置零，留下低频信号，即平滑信号。去低频是将低频信号置零，留下高频信号，是为了观察高频信号。线剖面是很有用的图像解析工具。

4.3 累计分布图

（1）功能介绍

累计分布图是指垂直方向或者水平方向的像素值累加曲线。由于该功能是在一个特定方向（垂直或者水平）的累加值，我们对于具有明显垂直或者水平规律的图像使用该功能，能够更清晰地找出在这个方向上具有规律变化的图像。比如在图 4.4 电器柜开关图像中，如果用人眼判断有几个开关闭合、几个打开，面对上百个开关，人在数的时候不仅疲劳，而且还容易出错，于是我们想到用视觉技术进行判断。可以观察到电器柜的面板颜色比较浅，也比较均匀，不会造成特定颜色的累计，而这些开关的排布非常有规律，并且闭合的开关（比如第一行左边的连续 5 个黄色开关、第二行左边的连续 2 个黄色开关，以及倒数第二行右边第 3 个红色开关）在垂直方向上，会有特定颜色的累计。通过垂直方向的像素累计，分析累计曲线的波峰，以及不同颜色曲线波峰之间的关系，就可以得知打开和关闭开关的数量是多少。

扫码看彩图

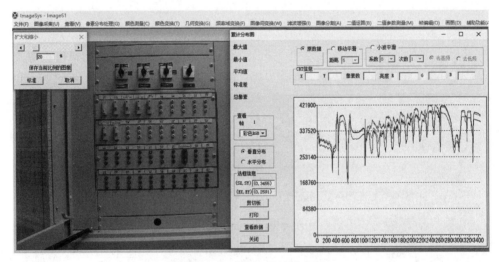

图 4.4　垂直方向累计分布图

（2）功能实践

打开 ImageSys，读入一帧彩色或灰度图像，然后依次点击菜单中的"像素分布处理"—"累计分布图"，打开功能窗口即显示处理窗口内像素的累计分布情况，若未选择处理窗口，显示的则是整幅图内像素的累计分布情况。

可选择的累计分布图类型有：灰度、彩色 RGB、R 分量、G 分量、B 分量、彩色 HSI、H 分量、S 分量、I 分量等。选择单个分量时，显示所选类型累计分布图的最小值、最大值、平均值、标准差、总像素等。图 4.4 显示了全图区域彩色 RGB 的垂直方向累计分布图，横坐标表示图像横坐标，纵坐标表示像素的累加值。可以像上述线剖面图那样，对累计分布图进行移动平滑和小波平滑，也可以选择水平方向累计分布图。

可以剪切和打印累计分布图。可以查看数据，打开数据窗口"文件"菜单，可以读出以前保存的数据、保存当前数据、打印当前数据。保存的数据可以用 Microsoft Excel 打开，重新做分布图。

4.4 3D 剖面图

（1）功能介绍

3D 剖面图是用来将图像中各部分的 RGB 值用对应颜色海拔高低（即高程）所表示的图。X 轴表示图像的 X 坐标，Y 轴表示图像的 Y 坐标，Z 轴表示像素的灰度值。在该功能中，我们可以看到全局图像中不同区域 RGB 像素分布的情况。如图 4.5 所示，在左边图像中，人物两侧背景很亮并且整体发白，在所对应的 3D 剖面图中就可以看到 X 轴靠近两侧的颜色海拔比较高。

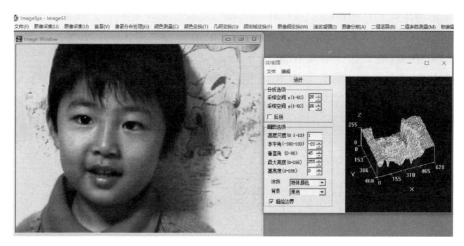

（a）3D 剖面图

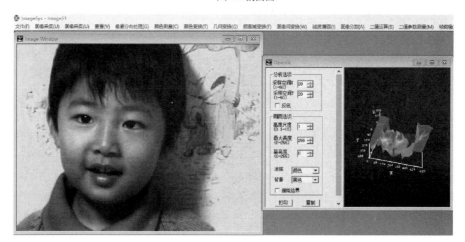

（b）OpenGL 3D剖面图

图 4.5 3D 剖面图

（2）功能实践

打开 ImageSys，读入一帧彩色或灰度图像，然后依次点击菜单中的"像素分布处理"—"3D 剖面"—"3D 剖面"或"OpenGL 3D 剖面"，打开图 4.5（a）或图 4.5（b）的 3D 剖面图。图 4.5（a）、（b）分别是一般 3D 剖面图和 OpenGL 3D 剖面图。其中，一般 3D 剖面图需要设定参数后点击执行；而 OpenGL 3D 剖面图设定采样空间后，3D 画面会自动调整，可以用鼠标按住 3D 画面自由旋转，方便查看像素分布情况。

为了更加灵活地分析图像，也可以设定图像的采样空间，或者进行反色。不仅如此，还可以根据图像分析的需要，设定分布图的 Z 轴高度尺度、最大亮度、基亮度、涂抹颜色、背景颜色等。

4.5 工程应用案例——保护压板投退状态检测

继电保护屏上保护压板的投、退操作是二次设备操作的主要项目，几乎占到了全变电站操作的 50%。保护压板是保护装置联系外部接线的桥梁和纽带，关系到保护的功能和动作设定能否正常发挥作用，因此非常重要。

本案例利用图像处理技术，在现有变电站实际光照条件下，对种类繁多的保护压板，研究出普遍适用的投、退状态的图像识别算法。下面介绍像素分布处理在本案例中的应用。

（1）行检测

用每个像素 R、G、B 中的最大值减最小值，其结果横向累计投影。图 4.6 为一个示例，由于灰色背景的 R、G、B 值相差不大，最大值减最小值结果很小，而无论什么颜色压板的 R、G、B 最大值减最小值，其结果都比较大，累计值也比较大，从图 4.6（b）横向累计投影曲线可以分析出 4 行压板的位置。

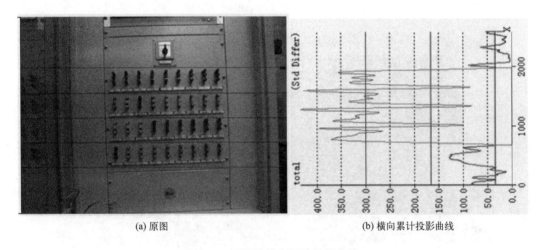

(a) 原图   (b) 横向累计投影曲线

图 4.6   原图及横向累计投影曲线

（2）列检测

用每个像素 R、G、B 中的最大值减最小值，其结果纵向累计投影。图 4.7 为一个示例，图 4.7(b) 的纵向累计投影曲线进行了平滑处理。从图 4.7(b) 纵向累计投影曲线可以很容易分析出 9 列压板的位置。当然，这些处理和分析都是由开发的程序自动完成。

（3）投退状态检测

通过压板行列的检测，确定了每个压板的位置区域。在压板的位置区域内，用每个像素

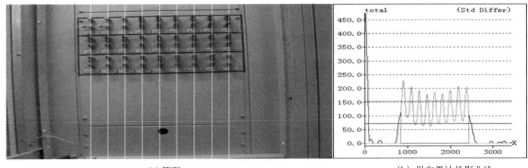

| (a) 原图 | (b) 纵向累计投影曲线 |

图 4.7　原图及纵向累计投影曲线

R、G、B 中的最大值减最小值，其结果横向累计投影，相当于压板位置区域纵向的线剖面图。图 4.8(a)、(b) 分别是一个退出状态和投入状态的原图及其横向累计投影曲线，通过曲线分布可以判断出对应压板的投退状态。

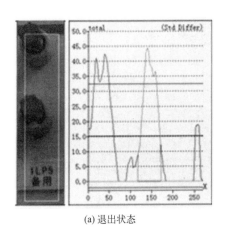 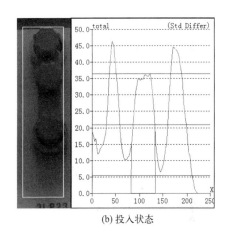

| (a) 退出状态 | (b) 投入状态 |

图 4.8　压板区域原图及横向累计投影曲线

（4）检测结果

以上只是主要检测方法，省略了压板分类等处理细节。图 4.9、图 4.10 列举了两种典型压板的检测结果。为了方便观察，将图像缩小为原图的 1/4，原图是 3456 像素×2592 像素，各图中显示的检测结果，包括行列数、压板类型、处理时间，多数是 1s 以内完成处理。图中"○"表示压板状态检测为投入，"×"表示压板状态检测为退出。

图 4.9 为一般类型压板检测结果的实例。可以看出，该压板的检测难度在于面板上的压板颜色各异，且呈交叉排列，用传统方法不方便或很难提取完全。由于拍摄过程中很难保证相机完全正对着变电柜，压板矩阵在图像中比较歪斜，这也给检测增添了难度。本案例中行列检测使用的纵向和横向累计投影算法，在压板歪斜一定程度内不受影响，同时利用上面的状态检测方法，图中压板状态检测结果完全正确。

图 4.10 中的一般类型压板，其颜色与背景十分接近，给行列定位带来了难度。图中结果表明行列定位准确，说明投影算法能够有效进行该类型压板状态的判断。

图 4.9 一般类型压板检测结果

图 4.10 与背景色接近的一般类型压板检测结果

 思考题

1. 画出二值图像直方图的示意图。
2. 写出用线剖面图分析检测公路车道线的方法。

第5章

颜色空间与测量

思维导图

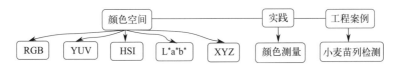

5.1 颜色空间

5.1.1 RGB 颜色空间

RGB（Red、Green、Blue）是数字图像处理中最常用的颜色模型，它通过红（R）、绿（G）、蓝（B）三原色的组合来产生其他颜色。RGB 颜色空间基于颜色的加法混色原理而构建，我们看到的任何颜色，都是由这三原色通过不同比例混合而成。在 RGB 颜色空间中，每一个像素都需要三个分量的叠加（即需要三个通道的信号）。当三原色分量都为 0（最小值）时混合为黑色，在黑色上不断叠加 R、G、B 颜色分量，当三原色都为最大值时为白色。RGB 颜色空间可以和别的颜色空间相互转换。

5.1.2 YUV 颜色空间

YUV 颜色空间是用于模拟电视传输的标准颜色空间，也被称为 YCrCb 颜色空间，是被欧洲电视系统所采用的一种颜色编码方法。其中 Y 表示亮度（Luminance），也就是灰度；而 U 和 V 表示的则是色度（Chrominance 或 Chroma），作用是描述影像颜色及饱和度，用于指定像素的颜色。YUV 颜色空间是彩色电视兴起后，对黑白电视兼容的产物。因为在 RGB 颜色空间中，即便是表示黑白像素，也需要三个通道，而在 YUV 颜色空间中，Y 直接就能表示灰度信息（黑白图像）。数字摄像机可以直接采集 YUV 信号数据，然后转换为 RGB 图像保存。

5.1.3 HSI 颜色空间

HSI 颜色空间是当人观察一个彩色物体时，用色调（H）、饱和度（S）、亮度（I）来描述物体颜色时使用的颜色空间。H 也称为色相，表示颜色的种类，即平常说的颜色名称，如红色、黄色等；S 表示颜色的深浅程度，数字由高到低，表示颜色由浓重到灰淡；I 表示颜色的明亮程度，相当于 YUV 中的 Y。

5.1.4 L* a* b* 颜色空间

$L^*a^*b^*$ 颜色空间是由 CIE（国际照明委员会）制定的一种颜色模式，以亮度 L^* 和色度坐标 a^*、b^* 来表示颜色在颜色空间中的位置。L^* 表示颜色的亮度；a^* 正值表示偏红，负值表示偏绿；b^* 正值表示偏黄，负值表示偏蓝。由于该颜色空间是基于人眼生理特征构建的颜色系统，是用数字化的方法来描述人的视觉感应，与设备无关，所以自然界中任何一种颜色都可以在 $L^*a^*b^*$ 空间中表达出来。

5.1.5 XYZ 颜色空间

XYZ 颜色空间是为了更精确地定义颜色而提出来的，因为不同的设备显示的 RGB 都是不一样的，并且不同人眼看同一个颜色的感知也不同，所以 XYZ 颜色空间是国际照明委员会设计的一个"标准观察者"。XYZ 颜色空间是一种数学模型，由三种刺激值 X（红色）、Y（绿色）和 Z（蓝色）构成。在该模型中，所有颜色都可以被一个"标准"观察者看到。

5.2 颜色测量

打开 ImageSys，读入要测量颜色的图像，点击菜单中的"颜色测量"，弹出图 5.1 颜色测量界面。颜色测量是根据 R、G、B 的亮度值以及国际照明委员会（CIE）倡导的 XYZ 颜色空间、HSI 颜色空间进行坐标变换、测量色差等。

界面右下方的区域是 CIE-xy 色度图。所有的颜色均为 R、G、B 这三种颜色调和而出。为了能够将这些颜色统计并展示出来，1931 年，CIE 让科学家们制作了 CIE-xy 色度图，也就是颜色空间。

5.2.1 界面功能

① 色差：表示基准色与测定色的色差。

a. NBS：色差的一种表示方法。

$$NBS = \Delta E^*\_ab \times 0.92$$

b. ΔL^*：亮度色差。

$$\Delta L^* = |L_0 - L_1|$$

其中，L_0 和 L_1 分别表示基准亮度和测量亮度。

c. ΔE^*_ab：CIE $L^*a^*b^*$ 颜色空间的色差。

$$\Delta E^*\_ab = (\Delta L^{*2} + \Delta a^{*2} + \Delta b^{*2})^{1/2}$$

其中，Δa^* 和 Δb^* 分别表示 a^* 和 b^* 的差值。

d. ΔC^*_ab：CIE $L^*a^*b^*$ 颜色空间色度的色差。

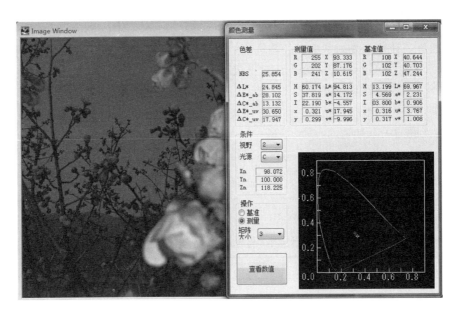

图 5.1　颜色测量界面

$$\Delta C^*\_ab=(\Delta a^{*2}+\Delta b^{*2})^{1/2}$$

e. ΔE^*_uv：CIE UCS（均匀颜色空间）的色差。

$$\Delta E^*\_uv=(\Delta L^{*2}+\Delta u^{*2}+\Delta v^{*2})^{1/2}$$

其中，Δu^* 和 Δv^* 分别表示 u^* 和 v^* 的差值。

f. ΔC^*_uv：CIE UCS 色度的色差。

$$\Delta C^*\_uv=(\Delta u^{*2}+\Delta v^{*2})^{1/2}$$

② 测量值：表示测量点的测量结果。测量方法：测量基准点后选择"测量"，将鼠标移至测量点，双击鼠标左键。

a. R、G、B：表示测定点的 R、G、B 的亮度值。

b. H、S、I：表示将测定点的 R、G、B 的亮度值变换到 HSI 颜色空间下的取值。

c. X、Y、Z：表示将测定点的 RGB 颜色空间变换到 CIE XYZ 颜色空间时的 3 种刺激值。

d. x、y：表示 3 种刺激值在 XYZ 颜色空间的色度图上的色度坐标。计算方法如下：

$$x=X/(X+Y+Z)$$
$$y=Y/(X+Y+Z)$$

e. L^*、a^*、b^*：在 CIE 的 $L^*a^*b^*$ 颜色空间，L^* 表示亮度值，a^*、b^* 表示色度值。

f. u^*、v^*：表示变换成 CIE UCS 时的坐标。各值的计算方法如下：

$u^*=13L^*(u'-\mathrm{un}')$；

$v^*=13L^*(v'-\mathrm{vn}')$；

$u'=4X/(X+15Y+3Z)$；

$v'=9Y/(X+15Y+3Z)$；

$\mathrm{un}'=4\mathrm{Xn}/(\mathrm{Xn}+15\mathrm{Yn}+3\mathrm{Zn})$；

vn′＝9Yn/(Xn＋15Yn＋3Zn)。

关于 Xn、Yn、Zn 的值请参考表 5.1。

③ 基准值：计算色差的基准点的测量值。各个测量值的计算方法与②相同。测量方法：选择"基准"后，将鼠标移至基准点，双击鼠标左键。

④ 视野：选择摄影时的视野。

⑤ 光源：选择摄影时的光源。

视野与光源的关系如表 5.1 所示。

A 光源：相关色温度为 2856K 左右的钨丝灯。

B 光源：可视波长域的直射太阳光。

C 光源：可视波长域的平均光。

D 光源：包含紫外域的平均自然光。

表 5.1　光源与视野的关系

光源	2°视野			10°视野		
	Xn	Yn	Zn	Xn10	Yn10	Zn10
A	109.851	100.000	35.582	111.146	100.000	35.200
B	99.095	100.000	85.313	99.194	100.000	84.356
C	98.072	100.000	118.225	97.283	100.000	116.143
D	95.045	100.000	108.892	94.811	100.000	107.333

⑥ Xn、Yn、Zn：表示视野光源参数。

⑦ 基准：选择基准值的测量。

⑧ 测量：选择测量值的测量。

⑨ 矩阵大小：选择以设定位置为中心的测量对象区域的大小。

⑩ 查看数值：查看测量结果。在查看数值窗口内可以保存、读入、打印结果。

5.2.2　使用方法

① 拍摄或读入彩色图像。

② 设定拍摄时的视野（界面功能④）和光源（界面功能⑤）。

③ 选择测量区域范围（界面功能⑨）。

④ 选择基准值（界面功能⑦）。

移动鼠标到图像窗口上设定的基准位置，双击鼠标左键，将自动显示基准值的测量结果和在 XYZ 颜色空间的色度图内的位置。

⑤ 选择测量值（界面功能⑧）。

移动鼠标到图像窗口上要与基准位置进行颜色比较的位置，双击鼠标左键，将自动显示测量结果、在色度图内的位置、色差等。

⑥ 点"查看数值"键（界面功能⑩），将显示测量结果。打开测量结果窗口的"文件"菜单，可以保存、读入、打印测量结果。

⑦ 关闭窗口（点击窗口右上角的"×"）。

5.3 工程应用案例——小麦苗列检测

对于自然界的目标提取，可以根据目标的颜色特征，尽量使用 R、G、B 分量及它们之间的差分组合，这样可以有效避免自然光变化的影响，快速有效地提取目标。以下举例说明基于颜色差分的绿色麦苗目标提取。

小麦从出苗到灌浆，需要进行许多田间管理作业，其中包括松土、施肥、除草、喷药、灌溉、生长检测等。不同的管理作业又具有不同的作业对象。例如，在喷药、喷灌、生长检测等作业中，作业对象为小麦列（苗列）；在松土、除草等作业中，作业对象为小麦列之间的区域（列间）。无论何种作业，首先都需要把小麦苗提取出来。虽然在不同季节小麦苗的颜色有所不同，但是在成熟前都是呈绿色的。如图 5.2 所示，图（a）为 11 月（秋季）小麦生长初期阴天的图像，土壤比较湿润；图（b）为 2 月（冬季）晴天的图像，土壤干旱，发生干裂；图（c）为 3 月（春季）小麦返青时节阴天的图像，土壤比较松软；图（d）、图（e）、图（f）分别为以后不同生长阶段不同天气状况的图像。这 6 幅图分别代表了小麦的不同生长阶段和不同的天气状况。

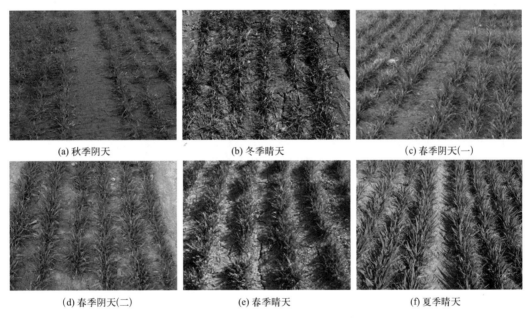

| (a) 秋季阴天 | (b) 冬季晴天 | (c) 春季阴天(一) |

| (d) 春季阴天(二) | (e) 春季晴天 | (f) 夏季晴天 |

图 5.2　不同生长期麦田原图像示例

由于麦苗的绿色成分大于其他两个颜色成分，为了提取绿色的麦苗，可以通过强调绿色成分、抑制其他成分的方法把麦田彩色图像变化为灰度图像。具体方法如式（5.1）所示。

$$\text{pixel}(x,y)=\begin{cases}0 & 2G-R-B\leqslant0\\ 2G-R-B & 2G-R-B>0\end{cases} \quad (5.1)$$

其中，G、R、B 表示点 $(x，y)$ 在彩色图像中的绿、红、蓝颜色值；$\text{pixel}(x，y)$ 表示点 $(x，y)$ 在处理成的灰度图像中的像素值。图 5.3 是经过上述处理获得的麦苗的灰度图像。

对于图 5.3 的灰度图像，采用后面 11.1.4 节的大津法自动分割就可以自动提取苗列的二值图像。

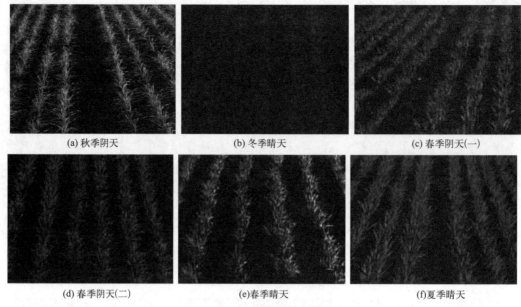

(a) 秋季阴天   (b) 冬季晴天   (c) 春季阴天(一)

(d) 春季阴天(二)   (e)春季晴天   (f)夏季晴天

图 5.3　处理后的灰度图像

 思考题

1. 颜色的三原色指哪 3 个颜色？
2. HSI 的 I 分量与 YUV 的 Y 分量有什么不同？

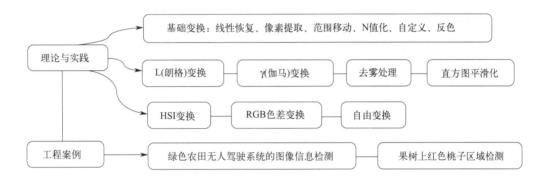

第**6**章

颜色变换

思维导图

基础变换：线性恢复、像素提取、范围移动、N值化、自定义、反色

理论与实践 —— L(朗格)变换 —— γ(伽马)变换 —— 去雾处理 —— 直方图平滑化

—— HSI变换 —— RGB色差变换 —— 自由变换

工程案例 —— 绿色农田无人驾驶系统的图像信息检测 —— 果树上红色桃子区域检测

6.1 颜色亮度变换

　　打开 ImageSys 软件，读入一幅彩色或灰度图像，点击菜单中的"颜色变换"—"颜色亮度变换"，打开图 6.1 亮度变换窗口。通过该窗口介绍相关变换功能和操作方法。

图 6.1　亮度变换窗口

6.1.1 基础变化

① 线性恢复：将变换图形恢复对角斜直线，图像恢复原图。

② 像素提取：提取所选择的灰度范围内的像素，把灰度范围外的像素变为背景色。如图 6.2 所示，操作界面右下方的左右滑动手柄来实现本功能。

图 6.2　像素提取功能

③ 范围移动：整个图像中的像素的灰度值加上或减去某一常数，使图像变亮或变暗。如图 6.3 所示，操作界面左下方的"位移量 Y"和"位移量 X"来实现本功能。

图 6.3　灰度范围移动功能

④ N 值化：将设定的亮度范围 N 等分，使图像变为 N 级亮度图像。如图 6.4 所示，选择界面左下角的 N 为 2 时，就获得二值图像。

图 6.5 是图 6.4 执行"运行""关闭"后，打开图像数据显示和线剖面图查看像素值，R、G、B 都成了 255、127 和 127 像素值的二值图像。

⑤ 自定义：选择"自定义"后，可以在"变换图形"窗口内用鼠标左键拉动图形线，图像亮度会随动变化，如图 6.6 所示。右击鼠标，停止本功能。

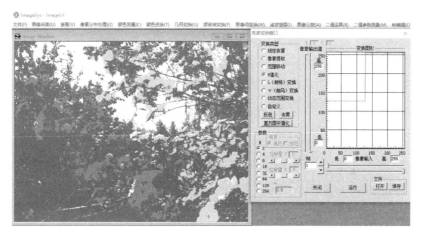

图 6.4　N 值化功能

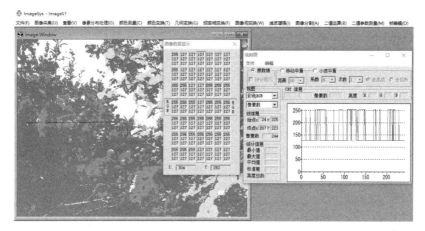

图 6.5　RGB 二值图像

图 6.6　自定义功能

⑥ 反色：执行"反色"，图像的 R、G、B 值都会变成 255 减当前值。图 6.7 是对图 6.6 进行的反色处理。

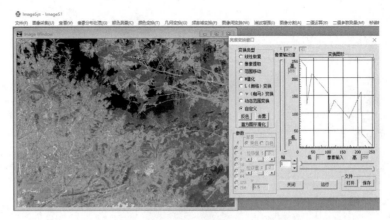

图 6.7　反色功能

6.1.2　L（朗格）变换

（1）变换原理

朗格变换也称对数变换，由于对数曲线在像素值较低的区域斜率大，而在像素值较高的区域斜率较小，所以图像在进行朗格变换时，较暗区域的对比度将有所提升，增强图像的暗部细节。朗格变换可以对图像像素值较低的部分扩展，强调显示低灰度值部分更多的细节，同时压缩高灰度值部分，减少高灰度部分的细节。

图 6.8　L（朗格）变换功能

（2）变换实践

如图 6.8 所示，选择"L（朗格）变换"后，操作界面右下方的左右滑动手柄来实现本功能。

6.1.3　γ（伽马）变换

（1）变换原理

伽马变换（幂律变换）是对图像进行非线性色调编辑的方法，通过检出图像信号中的深色部分和浅色部分，并使两者比例增大，从而提高图像对比度效果。

伽马变换可以对图像进行对比度调节，常用于处理过曝或者曝光不足（过暗）的图像，通过非线性变换，让图像中较暗的区域的灰度值得到增强，图像中灰度值过大的区域的灰度值得到降低。经过伽马变换，图像整体的细节表现会得到增强。

（2）变换实践

如图 6.9 所示，选择"γ（伽马）变换"后，操作界面右下方的左右滑动手柄来实现本功能。可以在界面左下方设定 γ 系数（0~1.0），默认为 0.5。

图 6.9　γ（伽马）变换功能

6.1.4　去雾处理

（1）变换原理

采用暗通道先验（Dark Channel Prior，DCP）原理进行去雾处理。

对于一个无雾图像，每个局部区域（非天空区域）总有一些很暗的东西，或黑色东西。DCP 基本思想就是利用全图最暗点来去除全局均匀的雾。

（2）变换实践

关闭"亮度变换窗口"，读入要变换的有雾图像，然后重新打开"亮度变换窗口"，如图 6.10 所示。

图 6.10　去雾功能

执行"去雾"后的结果，如图 6.11 所示。

图 6.11　去雾结果图像

6.1.5　直方图平滑化

（1）变换原理

直方图平滑化，也称直方图均衡化（Histogram Equalization），是压缩原始图像中像素数较少的部分，拉伸像素数较多的部分，从而使整个图像的对比度获得增强，图像变得清晰。

（2）变换实践

对图 6.10 所示的有雾苹果图像，执行"直方图平滑化"处理的结果，如图 6.12 所示。

在图 6.12 界面上执行"运行"—"关闭"，然后打开"直方图"界面，如图 6.13 所示，可以看到 R、G、B 像素的直方图都被较好地平滑处理了。

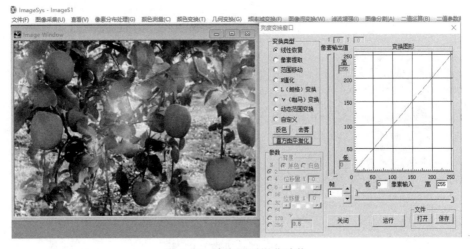

图 6.12　直方图平滑化功能

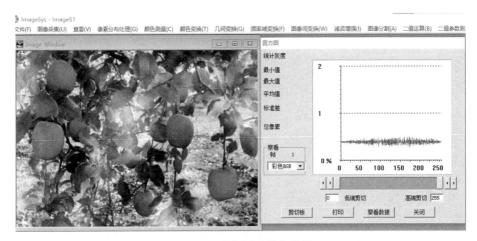

图 6.13　直方图平滑化效果

6.2 HSI 变换

（1）变换原理

色调 H（Hue）：与光波的波长有关，它表示人的感官对不同颜色的感受，也就是颜色的种类，如红色、绿色、蓝色等；它也可表示一定范围的颜色，如暖色、冷色等。

饱和度 S（Saturation）：表示颜色的纯度，纯光谱是完全饱和的，加入白光会稀释饱和度。饱和度越大，颜色看起来就会越鲜艳，反之亦然。

亮度 I（Intensity）：对应成像亮度和图像灰度，表示颜色的明亮程度。

这三个基本属性之间的关系是三维的，从而能够改变在 R、G、B 平面上写入的数值来进行操作。实际上，在制作彩色电视信号时也是把 R、G、B 信号变换成亮度信号 Y 和颜色信号 Cr、Cb 的。其关系式如下：

$$Y = 0.3R + 0.59G + 0.11B$$
$$Cr = R - Y = 0.7R - 0.59G - 0.11B \tag{6.1}$$
$$Cb = B - Y = -0.3R - 0.59G + 0.89B$$

色调 H 表示以色差信号 $B - Y$（即 Cb）为基准的坐标轴开始旋转了多少角度，饱和度 S 表示离开原点多远的距离。色调、饱和度与色差的关系表示如下：

$$H = \arctan(Cr/Cb)$$
$$S = \sqrt{Cr^2 + Cb^2} \tag{6.2}$$

（2）变换实践

打开 ImageSys 软件，读入一幅彩色图像，依次点击菜单中的"颜色变换"—"HSI 图像表示"，打开图 6.14 所示界面。

① 界面功能：

a. 基准色选择：选择色相图像的基准颜色。

b. 分量图像：将图像在 RGB 颜色空间下的取值转换到 HSI 颜色空间时得到的各个分

图 6.14　HSI 变换功能界面

量值的图像。H 表示色相，S 表示彩度（饱和度），I 表示亮度。

　　c. 色差图像：色差数据 R-I(Cr) 和 B-I(Cb) 的图像表示。

　　d. 变换图像（加变化量）：在原图的 HSI 各个分量上分别增加一定量值后得到的变换图像。H 的增加量为$-180°\sim180°$，S 与 I 的增加量均为$-100\%\sim100\%$。

　　e. 输出：将变换后的图像放置至某帧。系统默认设置为放至原图的下一帧。

　　f. 原图：显示原图像。

　　g. 确认：将对话框中所示的结果图像显示到当前窗口上，同时"状态窗"上的显示帧表示窗口变化为结果图像所在帧。

　　h. 关闭：关闭窗口。注意：关闭窗口前，不能执行该窗口以外的命令。

　　② 使用方法：

　　a. 操作"状态窗"，在图像窗口上显示要变换的图像。

　　b. 打开"HSI 图像表示"窗口（菜单："图像变换"—"HSI 图像表示"）。

　　c. 选择变换项目。

　　d. 选择"输出"。

　　e. "确认"变换。

　　f. "关闭"窗口。

6.3　RGB 色差变换

（1）变换原理

对于目标和背景颜色差别较大的图像，为了提取目标，可以分析目标和背景 R、G、B

对应的值，通过将图像 R、G、B 值进行乘和加减等运算，得到灰度图，通过运算使得目标和背景亮度差别较大，达到强调目标的目的。

（2）变换实践

打开 ImageSys 软件，读入一幅彩色图像，依次点击菜单中的"颜色变换"—"RGB 变换"，打开图 6.15 所示界面。该项功能是对彩色图像 R、G、B 值之间进行乘及加减运算。

图 6.15　RGB 变换功能

① 界面功能：

a. RGB 值计算公式：用数学公式界面形象表示对图像 R、G、B 分量值的运算，可以方便将所需数据填写在相应空格中，得到变换后的图像将显示在"预览窗口"中。默认灰度值为 $0.299R+0.578G+0.114B$。

b. 执行（＝）：在"预览窗口"中出现计算结果图像。图 6.15 所示是 $2\times R-G-B$ 运算结果，强化了桃子的红色分量。

c. 帧模式：该项与"状态窗"同步显示，可改变当前所显示的帧号以及设定是否保留原帧。默认为原帧不保留，显示第一帧。

d. 确认：将"预览窗口"中的图像显示到图像显示窗口。

e. 关闭：关闭窗口。

② 使用方法：

a. 在"状态窗"中选中彩色，然后从文件菜单读入要变换的彩色图像。

b. 打开"颜色变换"下的"RGB 变换"。

c. 填入变换参数，选择"执行"，预览变换结果图像。

d. "确认"变换。

e. "关闭"窗口。

6.4　自由变换

打开 ImageSys 软件，读入一幅图像，依次点击菜单中的"颜色变换"—"自由变换"，打开自由变换界面。图 6.16 是滚动平移效果图，下面只介绍功能，不做详细演示。

图 6.16　自由变换功能

① 平移：滚动或平移图像。可选择滚动或移位，可以设定 X、Y 方向移动量。

② 90 度旋转：执行后，图像旋转 90°。

③ 亮度轮廓线：画出各个亮度范围的轮廓线。"最小值""最大值"，设定亮度范围；"除数"，设定把亮度范围分割成几等份的除数；"轮廓线亮度"，设定轮廓线的亮度值，设定 −1 时，以各组分割的亮度值作为轮廓线的亮度值；"背景亮度"，设定轮廓线以外背景的亮度。

④ 马赛克：计算设定范围内像素的亮度平均值，画出马赛克图像。"水平像素点"，设定水平方向像素范围；"垂直像素点"，设定垂直方向像素范围；"文件存储"，选择后，运行时显示保存窗口，设定文件名后自动保存数据，也可在"查看"显示的窗口内进行数据保存；"查看"，查看计算的数据，打开查看窗口的"文件"菜单，可以保存、读入或打印数据等。

⑤ 窗口涂抹：以任意的亮度涂抹处理窗口内或处理窗口外。"窗口内"，处理窗口的内部区域；"窗口外"，处理窗口的外部区域；"帧平均"，处理窗口周围的像素的平均亮度；"区域平均"，处理窗口内的像素的平均亮度；"指定"，指定亮度。

⑥ 积分平均：设定多帧图像，计算出平均图像，用于除去随机杂质，改善图像。"开始帧"，设定多帧图像中的开始帧；"结束帧"，设定多帧图像中的结束帧；"输出帧"，设定多帧图像平均后的输出帧。

6.5　工程应用案例

6.5.1　绿色农田无人驾驶系统的图像信息检测

本试验在自然环境下对棉花植保喷药和玉米收获进行图像分析和开发导航线识别算法，

为农田视觉导航奠定基础。

（1）试验设备与材料

试验用玉米收获导航视频样本是用数码相机在天津武清实地采集获得，棉花植保导航视频样本是用数码相机在新疆147团实地采集获得。由于收获期的玉米叶和植保期的棉花叶片均为绿色，所以视觉导航的第一步为将视频中的绿色与非绿色区域分界线进行提取，再根据不同的情况进一步导航路径。数码相机的型号为 Digimax S500，拍摄图像的分辨率为 640 像素×480 像素。图像处理的 PC 机配置为：Intel Pentium 4 处理器，主频为 2.4GHz，内存为 256MB。利用 Microsoft Visual C++ 进行了算法的研究开发。

（2）玉米收获导航路线的分析与提取

不同阴影条件下玉米收获导航图像如图 6.17 所示。图 6.17(a)、(b) 分别为有阴影和无阴影条件下对照原图的 RGB 垂直像素累计分布图和线剖面图，寻找导航线所在位置颜色变化规律，需要用到同一个算法将土壤和玉米分界线处的特征提取出来，才能进行玉米收获导航线路的自动识别。

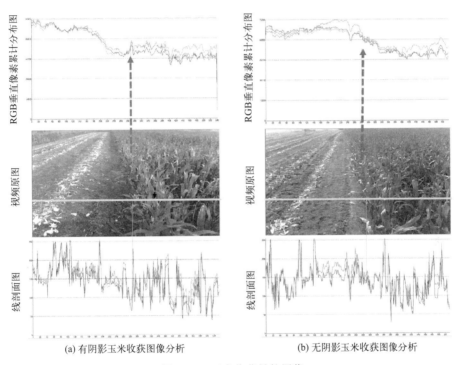

(a) 有阴影玉米收获图像分析　　　　　　　　(b) 无阴影玉米收获图像分析

图 6.17　玉米收获导航图像

（3）棉花植保导航路线的分析与提取

提取导航线需要分析导航线与旁边背景像素之间主要的区别。结合 RGB 垂直像素累计分布图中，三种像素的累计值曲线，以及在图像需要判断导航线的任意位置上寻找线剖面图，并在线剖面图上分析该线所在位置的像素，能够分析出导航线部分与背景部分像素的主要区别。通过将该区别的像素特点进行提取，可以进一步分析找到导航线。

不同生长期棉花植保导航图像如图 6.18 所示，无论是苗期棉花还是蕾期棉花图片的分析，都是以最中间的棉花行为导航线所在位置。只是在图 6.18(a) 中苗期棉花苗比较小，而在图 6.18(b) 中蕾期棉花比较大，更加茂密。需要用到同一个算法将不同生长期中间一行的棉花特征提取出来，才能进行棉花植保导航线路的自动识别。

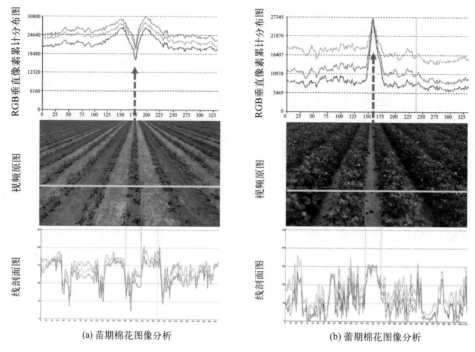

(a) 苗期棉花图像分析　　　　　　　(b) 蕾期棉花图像分析

图 6.18　棉花植保导航图像

6.5.2　果树上红色桃子区域检测

本试验对自然环境下成熟桃子进行图像识别、圆心定位和获取半径的算法开发，为机器人采摘桃子奠定基础。

（1）试验设备与材料

试验用桃子图像样本是用数码相机在北京市通州区西集镇桃园实地采集获得。数码相机的型号为 Digimax S500，拍摄图像的分辨率为 640 像素×480 像素。图像处理的 PC 机配置为：Intel Pentium 4 处理器，主频为 2.4GHz，内存为 256MB。利用 Microsoft Visual C++进行算法的研究开发。

图 6.19 为采集的果树上桃子的彩色原图像，分别代表了单个果实、多个果实相互分离或相互接触等生长状态以及不同光照条件和不同背景下的图像样本。图 6.19（a）为顺光拍摄，光照强，果实单个生长，有树叶遮挡，背景主要为树叶。图 6.19（b）为强光照拍摄，果实相互接触，有树叶遮挡，背景主要为枝叶。图 6.19（c）为逆光拍摄，图像中既有单个果实，又存在果实相互接触，且果实被树叶部分遮挡，背景主要为枝叶和直射阳光。图 6.19（d）为弱光照、相机自动补光拍摄，果实相互接触，无遮挡，背景主要为树叶。图 6.19（e）为顺光拍摄，既有单个果实，又存在果实相互接触及枝干干扰。图 6.19（f）为强光照拍摄，既有单个果实，又存在果实间相互遮挡，并有枝干干扰及树叶遮挡。

（2）桃子红色区域提取

由于成熟桃子一般带红色，因此对原彩色图像，首先利用红、绿色差信息提取图像中桃子的红色区域，然后再采用与原图进行匹配膨胀的方法来获得桃子的完整区域。

(a) 单果实树叶遮挡   (b) 多果实树叶遮挡   (c) 直射光多果实接触

(d) 弱光多果实接触   (e) 顺光多果实枝干干扰   (f) 多果实接触枝干干扰

图 6.19 果树上桃子的彩色原图像

对图像中的每个像素点，将其红色（R）分量减绿色（G）分量，获得一个灰度图像（RG 图像），当 $R-G<0$，设灰度图像上该点的像素值为 0（黑色）。之后计算灰度图像的像素平均值 α，逐像素扫描灰度图像，若像素值大于 α 则将该点像素值设为 255（白色），否则设为 0（黑色），获得二值图像，并对其进行补洞和面积小于 200 像素的去噪处理。

图 6.20 为图 6.19 采用上述方法提取桃子红色区域的二值图像。从图 6.20 的提取结果可以看出，该方法对图 6.19 中的各种光照条件和不同背景情况，都能较好地提取出桃子的红色区域。

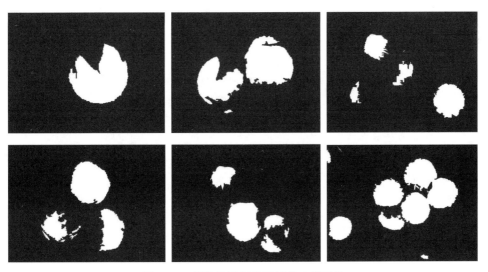

图 6.20 提取桃子红色区域的二值图像

（3）匹配膨胀处理

图 6.21 为图 6.20 与彩色原图像（图 6.19）进行匹配膨胀后的二值图像。因为同一个

桃子上相邻像素的 R 分量值不会发生剧烈变化，而桃子边缘相邻像素的 R 分量值则会出现较大变化，据此将目标像素 24 邻域内桃子像素点的 R 分量值的最大、最小值作为不发生剧烈变化的阈值范围。该方法可以自动确定阈值，能够准确、快速地将本属于桃子的像素重新找回。从图 6.21 的结果可以看出，无论图 6.19 中的哪种情况，图像中没有被枝叶遮挡的桃子部分，都被很好地匹配膨胀成了白色像素。

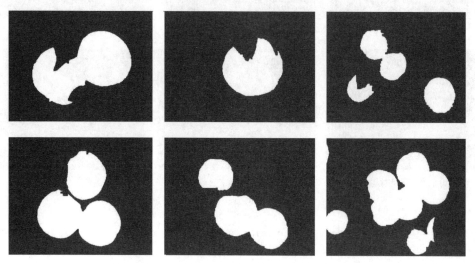

图 6.21　图 6.20 与图 6.19 匹配膨胀结果图像

图 6.20 和图 6.21 的结果表明，本试验提出的分割提取算法能够适应桃子颜色的非均一性和图像光照的复杂性，很好地去除了天空、枝叶等复杂背景，而且几乎完好地保存了未被枝叶遮挡的桃子区域，并且对强光、弱光和顺光、逆光、直射光等都有很好的适应性，取得了较好的分割效果。

桃子中心和半径拟合，将在 13.5.1 节"果树上桃子中心与半径拟合"中介绍。

 思考题

1. 提取农田的绿色作物一般将三个颜色分量怎样计算提取效果最好？为什么？那提取草莓又如何计算？为什么？

2. 在农田视觉导航中，为什么不用 L（朗格）变换、γ（伽马）变换、直方图平滑化等方法强调导航目标？

第**7**章

几何变换

▶▶ **思维导图**

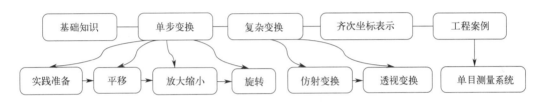

7.1 基础知识

几何变换在许多场合都有应用。例如卫星遥感图像，由于地球是球形，会变形，需要进行几何变换校正，所以我们在天气预报中看到的云层图像，就是经过几何变换后获得的图像。

几何变换的基本思路是改变像素的位置而不改变像素值。基于此，几何变换的图像坐标原点和像素取值方法有特定要求。适当的几何变换可以最大程度地消除由于成像角度、透视关系乃至镜头自身原因所造成的几何失真所产生的负面影响。

（1）坐标原点

图像处理的坐标系一般以左上角为原点，向右及向下分别为 x 轴和 y 轴的正方向，如图 7.1(a) 所示，但是用这样的坐标系放大图像，图像只能往右下方向外放大移出，感觉不够自然。而改为如图 7.1(b) 所示的图像，以中心为坐标原点，这样的坐标系能够让图像在放大的时候向四周放大，显得更自然。因此，几何变换处理需要将坐标原点设定在图像中心位置。

（2）变换后像素赋值方法

变换后的图像，由于像素的位置变化了，所以每个像素都需要重新赋值。对每个变换后图像的像素位置，计算出其对应原图像的像素位置，然后利用原图像的像素值，采用双线性内插（Bilinear Interpolation）法，计算变换后的像素值。

如图 7.2 所示，$[x]$ 和 $[y]$ 分别是不超过 x 和 y 的整数值，(x,y) 是计算出的像素位置，(x,y) 位置的像素值 $d(x,y)$ 用双线性内插公式(7.1)计算获得，将该值赋给变换

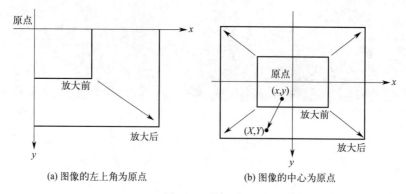

(a) 图像的左上角为原点　　　　　　(b) 图像的中心为原点

图 7.1　坐标系

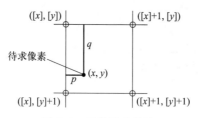

图 7.2　双线性内插法

后图像对应位置的像素。

$$d(x,y)=(1-q)\{(1-p)\times d([x],[y])+p\times d([x]+1,[y])\}$$
$$+q\{(1-p)\times d([x],[y]+1)+p\times d([x]+1,[y]+1)\} \tag{7.1}$$

这种双线性内插法不仅可采用上述的 4 邻点，也可采用 8 邻点、16 邻点、24 邻点等，进行高次内插。

7.2　单步变换

7.2.1　实践准备

打开 ImageSys 软件，读入一幅图像，然后依次点击菜单中的"几何变换"—"单步变换"，打开"单步变换"窗口，如图 7.3 所示。

① 变换项目："平移""旋转""放大缩小"。

② 输出：设定执行结果的输出帧。

③ 背景颜色：选择背景颜色。可选红、绿、蓝、白、黑，默认为黑。

④ 中心点：选择"旋转"或"放大缩小"时有效。

a. X：x 方向的中心坐标。默认值为图像中心的 x 坐标。

b. Y：y 方向的中心坐标。默认值为图像中心的 y 坐标。

⑤ 旋转角：选择"旋转"时有效，设定旋转角后，窗口上自动显示旋转后的图像。

⑥ 平移量：选择"平移"时有效，设定平移量后，窗口上自动显示平移后的图像。

a. X：x 方向平移量。

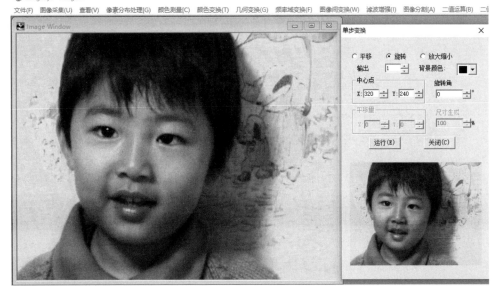

图 7.3　单步变换功能

b. Y：y 方向平移量。

⑦ 尺寸生成：选择"放大缩小"时有效，按照所设定的比例，窗口上自动显示尺寸生成后的图像。

⑧ 运行：执行后，变换结果显示到图像窗口。没有运行之前，变换结果在下面预览窗口显示。

⑨ 关闭：关闭窗口。注意：窗口关闭前，不能执行窗口以外的命令。

下面介绍各种几何变换的具体方法和实践。

7.2.2　平移

为了使图像分别沿 x 坐标和 y 坐标向右下平移 x_0 和 y_0，变换后像素坐标设为 X、Y，需要采用式（7.2）进行平移（Translation）变换：

$$X = x + x_0$$
$$Y = y + y_0 \qquad (7.2)$$

逆变换公式如式（7.3）所示：

$$x = X - x_0$$
$$y = Y - y_0 \qquad (7.3)$$

在单步变换窗口，选择"平移"，背景默认为黑色，平移量"X""Y"都设为 20，窗口下方自动预览变换结果。执行"运行"后，结果显示到图像窗口，如图 7.4(a) 所示。

7.2.3　放大缩小

图像在 x、y 方向分别放大缩小 a 和 b 倍，a、b 大于 0 为放大，小于 0 为缩小。需要采用如下的变换公式：

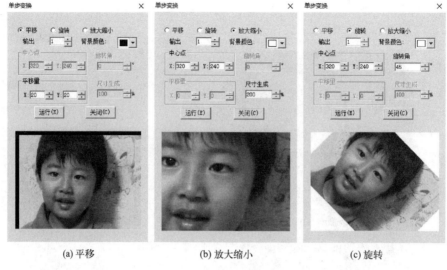

(a) 平移 (b) 放大缩小 (c) 旋转

图 7.4　单步变换预览

$$X = ax$$
$$Y = by$$

(7.4)

逆变换公式如下所示：

$$x = X/a$$
$$y = Y/b$$

(7.5)

在单步变换窗口，选择"放大缩小"，"中心点"默认为图像中心，"尺寸生成"输入 200，窗口下方自动预览变换结果，如图 7.4(b) 所示。

7.2.4　旋转

（1）一般图像旋转

和平移、放大缩小一样，图像旋转（Rotation）将图像读到系统帧上进行。在单步变换窗口，选择"旋转"，设定旋转角度 45°，"中心点"默认为图像中心，"背景颜色"选择为白色，窗口下方自动预览变换结果，如图 7.4(c) 所示。

图 7.5 为图像逆时针旋转 θ 的示意图，需按式(7.6) 变换：

$$X = x\cos\theta + y\sin\theta$$
$$Y = -x\sin\theta + y\cos\theta$$

(7.6)

逆变换公式如式(7.7) 所示：

$$x = X\cos\theta - Y\sin\theta$$
$$y = X\sin\theta + Y\cos\theta$$

(7.7)

（2）视频/图像文件旋转

该功能可以直接对图像或视频文件进行旋转处理和保存，不必将图像读入 ImageSys 软件。这样能够非常简单地对大容量图像或视频进行快速旋转和保存，并且不受 ImageSys 系统帧大小和数量设定的影响。

打开 ImageSys 软件，依次点击菜单中的"文件"—"图像/视频旋转"。点击"浏览"，读入视频文件，如图 7.5(a) 所示，设定好"旋转角度"。然后"执行预览"，可以预览到原视频和旋转视频；"执行保存"，可以预览到原视频和旋转视频，同时将旋转视频保存成原视频文件＋1的视频。例如，图示的原视频文件是 VisualNavigation.avi，保存视频为 Visual-Navigation1.avi。

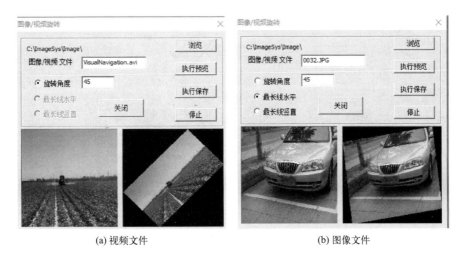

(a) 视频文件　　　　　　　　　(b) 图像文件

图 7.5　视频/图像文件旋转功能

在上述窗口中点击"浏览"，读入图像文件时，如图 7.5(b) 所示，设定好"旋转角度""最长线水平"或"最长线竖直"（图中选择了"最长线水平"），然后"执行预览"，可以预览到原图像和旋转图像；"执行保存"，可以预览到原图像和旋转图像，同时将旋转图像保存成原图像文件＋1的文件。

7.3　复杂变换

7.3.1　仿射变换

（1）原理

组合上述的平移、放大缩小、旋转，就可以实现各种各样的变形。例如，以 (x_0, y_0) 为中心旋转，如图 7.6 所示，首先平移 $(-x_0, -y_0)$，使 (x_0, y_0) 回到原点后，旋转 θ 角，最后再平移 (x_0, y_0) 就可以了。

这种方法需要不断地计算地址和存取像素来计算像素的灰度值，所以要耗费许多时间。为了节省时间，可以用下式先集中计算地址：

$$X = (x - x_0)\cos\theta + (y - y_0)\sin\theta + x_0$$
$$Y = -(x - x_0)\sin\theta + (y - y_0)\cos\theta + y_0 \tag{7.8}$$

逆变换公式如下所示：

$$x = (X - x_0)\cos\theta - (Y - y_0)\sin\theta + x_0$$
$$y = (X - x_0)\sin\theta + (Y - y_0)\cos\theta + y_0 \tag{7.9}$$

集中计算完地址后，读取一次像素，即可计算出变换结果的灰度值。这种几何变换被称为二维仿射变换（Two Dimensional Affine Transformation）。二维仿射变换的公式如下：

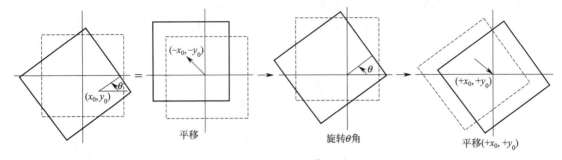

图 7.6 以 (x_0, y_0) 为中心旋转

$$X = ax + by + c$$
$$Y = dx + ey + f \tag{7.10}$$

逆变换公式如下：

$$x = AX + BY + C$$
$$y = DX + EY + F \tag{7.11}$$

式中，$a \sim f$ 与 $A \sim F$ 是变换系数。变换与逆变换虽然系数不同但形式相同。前面所说明的平移、放大缩小和旋转公式都包含在式(7.10) 和式(7.11) 中。

（2）功能实践

打开 ImageSys 软件，读入一幅图像，依次点击菜单中的"几何变换"—"复杂变换"，打开"复杂变换"窗口。

选择"放射变换"（即仿射变换）功能，设定"扩大率""移动量""Z轴"回转角度，执行"变换"，就可以在窗口下方预览变换结果。图 7.7(a) 是默认参数的仿射变换示例，执行"确定"后，变换结果输出到"输出帧"号［图 7.7(a) 中为 2］上，并显示到图像窗口。

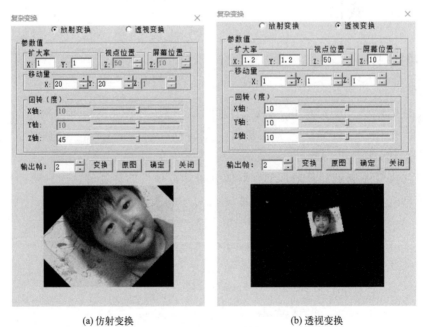

(a) 仿射变换   (b) 透视变换

图 7.7 复杂变换功能

7.3.2 透视变换

(1)原理

如图 7.8 所示，从一点（视点）观看一个物体时，物体在成像平面上的投影图像就是透视变换（Perspective Transformation）图像。这种透视变换用式(7.12)来表达：

$$X = (ax + by + c)/(px + qy + r)$$
$$Y = (dx + ey + f)/(px + qy + r)$$

$$(7.12)$$

逆变换公式如式(7.13)所示：

$$x = (AX + BY + C)/(PX + QY + R)$$
$$y = (DX + EY + F)/(PX + QY + R)$$

$$(7.13)$$

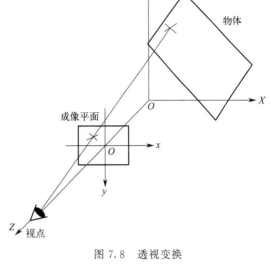

图 7.8　透视变换

正逆变换的形式相同。式中，$a \sim f$、$p \sim r$ 与 $A \sim F$、$P \sim R$ 等是变换系数，取决于视点的位置、成像平面的位置以及物体的大小。这些系数用齐次坐标（Homogeneous Coordinate）的矩阵形式运算可以简单地求出。

(2)功能实践

在复杂变换窗口上，选择"透视变换"功能。设定参数后，执行"变换"，就可以在窗口下方预览变换结果，如图 7.7(b) 所示，执行"确定"后，变换结果图像就显示在图像窗口上。

需要注意的是，透视变换的参数很多，如果设置参数不合适，变换后会看不到结果图像，也就是变换结果图像会超出画面。

7.4　齐次坐标表示

几何变换采用矩阵处理更方便。二维平面 (x, y) 的几何变换能够用二维向量 $[x, y]$ 和 2×2 矩阵来表现，但是却不能表现平移。因此，为了能够同样地处理平移，增加一个虚拟的维度 1，即通常使用三维向量 $[x, y, 1]^{\mathrm{T}}$ 和 3×3 的矩阵。这个三维空间的坐标 $(x, y, 1)$ 被称为 (x, y) 的齐次坐标。

基于这个齐次坐标，仿射变换可表示为式(7.14)：

$$\begin{bmatrix} X \\ Y \\ 1 \end{bmatrix} = \begin{bmatrix} a & b & c \\ d & e & f \\ 0 & 0 & 1 \end{bmatrix} \begin{bmatrix} x \\ y \\ 1 \end{bmatrix}$$

$$(7.14)$$

上式与式(7.10)是一致的。

平移的齐次坐标表示为式(7.15)：

$$\begin{bmatrix} X \\ Y \\ 1 \end{bmatrix} = \begin{bmatrix} 1 & 0 & x_0 \\ 0 & 1 & y_0 \\ 0 & 0 & 1 \end{bmatrix} \begin{bmatrix} x \\ y \\ 1 \end{bmatrix} \tag{7.15}$$

放大缩小的齐次坐标表示为式(7.16)：

$$\begin{bmatrix} X \\ Y \\ 1 \end{bmatrix} = \begin{bmatrix} a & 0 & 0 \\ 0 & b & 0 \\ 0 & 0 & 1 \end{bmatrix} \begin{bmatrix} x \\ y \\ 1 \end{bmatrix} \tag{7.16}$$

旋转的齐次坐标表示为式(7.17)：

$$\begin{bmatrix} X \\ Y \\ 1 \end{bmatrix} = \begin{bmatrix} \cos\theta & \sin\theta & 0 \\ -\sin\theta & \cos\theta & 0 \\ 0 & 0 & 1 \end{bmatrix} \begin{bmatrix} x \\ y \\ 1 \end{bmatrix} \tag{7.17}$$

式(7.15)、式(7.16)、式(7.17)分别与前述的式(7.2)、式(7.4)、式(7.6)一致。组合这些矩阵能够表示各种各样的仿射变换。例如，以 (x_0, y_0) 为中心旋转，可以表示为如下所示的平移和旋转矩阵乘积的形式：

$$\begin{bmatrix} X \\ Y \\ 1 \end{bmatrix} = \begin{bmatrix} 1 & 0 & x_0 \\ 0 & 1 & y_0 \\ 0 & 0 & 1 \end{bmatrix} \begin{bmatrix} \cos\theta & \sin\theta & 0 \\ -\sin\theta & \cos\theta & 0 \\ 0 & 0 & 0 \end{bmatrix} \begin{bmatrix} 1 & 0 & -x_0 \\ 0 & 1 & -y_0 \\ 0 & 0 & 1 \end{bmatrix} \begin{bmatrix} x \\ y \\ 1 \end{bmatrix} \tag{7.18}$$

上式展开后与式(7.8)是一致的。

透视变换是三维空间的变换，用 4 维向量和 4×4 的矩阵来表现。如空间中一点分别在两个坐标系的坐标为 (X, Y, Z) 和 (x, y, z)，则其坐标变换公式可描述为：

$$\begin{bmatrix} X \\ Y \\ Z \\ 1 \end{bmatrix} = \begin{bmatrix} \boldsymbol{R} & \boldsymbol{t} \\ \boldsymbol{O}^{\mathrm{T}} & 1 \end{bmatrix} \begin{bmatrix} x \\ y \\ z \\ 1 \end{bmatrix} \tag{7.19}$$

其中，$\boldsymbol{R}$ 为 3×3 的旋转矩阵（Rotation Matrix）；$\boldsymbol{t}$ 为三维平移向量（Translation Vector）；$\boldsymbol{O} = (0, 0, 0)^{\mathrm{T}}$。这种透视变换经常应用在相机测量、计算机图形学（Computer Graphics）等领域。

7.5 工程应用案例——单目测量系统

7.5.1 硬件构成

单目测量是指仅利用一台摄像机拍摄单张图像来进行测量。其优点是一台摄像机方便携带和结构简单，并且标定方便、测量精度较高等。单目测量技术广泛应用于建筑物室内场景测量、交通事故调查测量等领域。在单目测量系统中，需要将标定模板和待测物同时放到一个场景中进行拍摄，这样在一幅图像中就需要同时包含标定信息和待测信息，数据信息较多。因此对图像采集设备的成像质量，尤其是图像分辨率有比较高的要求。

单目测量系统的硬件组成如图 7.9 所示，包括以下内容。

① 标定模板。根据标定方法的不同选择不同的标定模板，由于单目测量技术只适用于空间二维平面，因此必须保证标定模板与待测物放置在同一平面上。图中 A、B、C 表示待测物的位置。

② 摄像机。用于图像采集。

③ 三脚架。用来调整摄像机的高度及视角。也可以手持拍摄，不用三脚架。

④ 计算机。用来进行图像的存储、处理和保存。

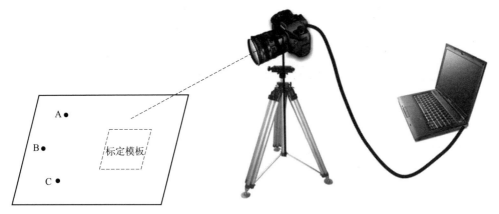

图 7.9　单目测量系统构成图

图 7.10　便携式单目测量系统

现在一台平板电脑（或手机）加一个标定模板，就可以替代上述硬件装置，单目测量变得更加方便。本案例依托的单目测量系统就是基于平板电脑的便携式系统，如图 7.10 所示，其摄像头分辨率为 4096 像素×3072 像素。配套的标定尺和标识点，分别如图 7.11 和图 7.12 所示。

为了便于自动检测标定尺和标识点，本系统设计了蓝、黄、红色组合的标定尺（图 7.11）和作为检测目标的标识点（图 7.12）。标定尺的蓝黄边界为长、宽各 80cm 的正方形，检测出该正方形 4 个角作为标定数据。标识点为边长 20cm 的正方形，标识点蓝黄边界指向下方的交点，作为检测的目标点。在测量时，将斜向下的黄色角点放在待测目标的位置，通过在图像中检测该黄色角点的位置，完成对待测目标的定位。

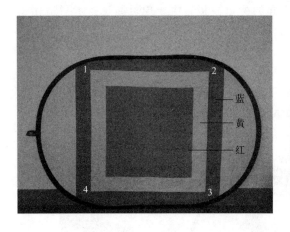

图 7.11 标定尺

图 7.12 标识点

7.5.2 摄像机标定与标定尺检测

在机器视觉中，物体在世界坐标系（即现实世界）下的三维空间位置到成像平面的投影可以用一种几何模型来表示，这种几何模型将图像的 2D 坐标与现实空间中的 3D 坐标联系在一起，这就是常说的摄像机模型。本案例的摄像机模型就是图 7.8 透视变换图，摄像机模型的数学表述就是式(7.19)。

摄像机标定的目的是在世界坐标系的三维物点和图像坐标系中的二维像点之间建立一种映射关系，而空间物体表面某点的三维几何位置与其在图像中对应点之间的相互关系是由摄像机模型决定的。在线性模型中，三维物点与对应像点之间的投影关系与摄像机的内外参数相关，如果用 3×4 的投影矩阵来描述，摄像机标定的过程就是求解摄像机内外参数的过程，即求取投影矩阵的过程。

本案例是线性摄像机模型，在该模型中，世界坐标系与图像坐标系之间的投影关系用单应矩阵 H 进行描述。当待测目标位于同一平面上时，待测平面与图像平面之间的关系可以用单应矩阵 H（H^{-1}）来表示。只要能求得 H^{-1}，便可将待测目标的图像坐标转换成待测平面上的世界坐标，再进一步计算距离等参数。对单应矩阵 H^{-1} 的求取就是摄像机标定过程。

当实际空间和图像空间有 4 个以上对应的已知点，就可以计算出单应矩阵。因此，自动检测出图 7.11 标定尺上的 4 个角点，就可以计算出单应矩阵 H^{-1} 的各个参数。

标定尺上角点的图像检测，简单来说主要分为 3 个步骤。

① 将标定尺放在实际测量区域垂直方向中心附近，拍摄图像；

② 在图像上，读取垂直中心线一列像素，通过图像分析，找到蓝色和黄色的交点；

③ 以该交点为起始点，对蓝色和黄色分界线进行跟踪处理，记录跟踪轨迹每一点的位置坐标，通过查找跟踪轨迹的拐点获得标定尺 4 个角点坐标。

图 7.13 是标定尺检测实例。

7.5.3 标识点检测

本案例将不确定的待测目标转换成了确定的标识点（图 7.12），有利于自动检测。检测

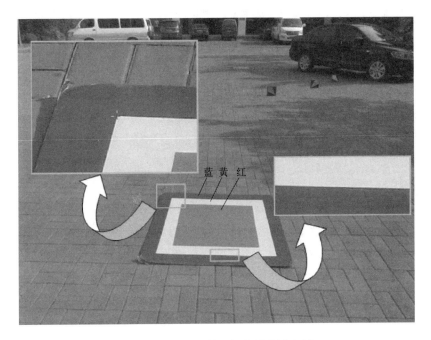

图 7.13　强光照射下标定尺检测实例

出标识点后，就可以计算出标识点间的距离和面积。

标识点检测步骤如下。

① 通过对整幅图像进行扫描，检测标识点中底部斜边上的像素点。由于标识点的面积较小，并且在拍摄场景中是任意摆放的，可能出现在图像中的任何位置，因此跟踪起始点的定位，以 $x_{size}/200$ 为固定步长（x_{size} 为图像宽度），从左至右对整幅图像进行从下到上的线扫描，并分析像素值。

② 扫描到黄、蓝像素交点时，以该交点为起点，对黄、蓝分界线进行跟踪处理，记录轨迹点的像素位置。

③ 通过分析轨迹线的变化角度，确定尖角位置，作为标识点（即测量点）。

图 7.14 是标识点检测实例。

7.5.4　距离与面积计算

通过上述方法，检测到图像上的目标点 $P_1(x_1, y_1)$ 和 $P_2(x_2, y_2)$ 后，与标定尺检测所求得的单应矩阵 $\boldsymbol{H}^{-1}$ 一起，将图像坐标还原成世界坐标。假设还原结果分别为 $P_1(X_1, Y_1)$、$P_2(X_2, Y_2)$，则两个待测点之间的距离 d 可用其欧氏距离表示，如式(7.20)所示。

$$d = \sqrt{(X_1 - X_2)^2 + (Y_1 - Y_2)^2} \tag{7.20}$$

如果有 3 个以上点，就可以计算出多点围成区域的实际面积。

7.5.5　测量精度及实例

当待测目标距离标定点较近时，测量误差较小，对测量图像的采集方式无特定要求；当

图 7.14　标识点检测实例

待测目标距离标定点较远时，为了获取较准确的测量结果，采集测量图像时，应尽量通过增大拍摄角度等方式减小待测平面的透视畸变。另外，上述案例的摄像机与目标物之间的距离都在 10m 之内，如果摄像机与目标物之间的距离较远，例如 50m，由于一个像素所表示的实际距离较大，测量误差也会变大。

图 7.15 是距离的测量实例，实际距离是 300cm，图上标出了测量距离。

图 7.15　透视畸变较小的距离测量实例（拍摄角度：85.84°）

图 7.16 所示为一个四边形面积测量的实例，四个标识点围成了一个四边形，其实际面

积为 30000.00cm^2。在该图中，标定尺及四个标识点均被成功检出，面积的测量结果为 30013.89cm^2，相对误差为 0.05%，测量结果较为精确。面积测量误差的主要来源也是待测目标点的定位误差。

图 7.16　面积测量实例

 思考题

1. 列举两个生活中用到图像几何变换的场景。

2. 一般图像处理的坐标原点在哪个位置？几何变换为什么要将图像原点移动到中心位置？

第 8 章

频率域变换

▶▶ **思维导图**

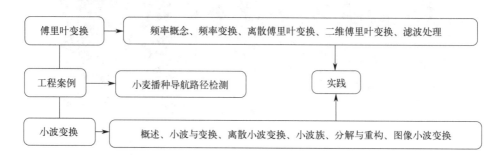

8.1 傅里叶变换

8.1.1 频率概念

本章的主题与到目前为止所介绍的图像处理方法和理解方法完全不同。前面介绍了许多图像处理方法，无论哪一种从视觉上都更容易理解，这是因为那些方法是利用了图像的视觉性质，更为直观。而频率（Frequency），听起来却是用似乎与图像无关的概念来处理图像。

要了解频率，我们先联想一下声音的世界，将图像的频率用声音来类推说明。我们更为熟悉声音的频率，假如把音调调低，声音变得低沉发闷，而把音调调高的话，声音则会变得尖厉刺耳。这是因为物体振动的频率决定声调的高低，振动得快，则频率高，音调高；振动得慢，则频率低，音调也低。图像的频率可以使用同样的原理来理解，在图 8.1 声音与图像的频率关系中，如果将声音波形正方向的波形部分用白色来表示，负方向的波形部分用黑色来表示，发现在相同的时间中，图 8.1(a) 比图 8.1(b) 中的声音波形变化慢，对应黑白变化次数也少。那可以这样理解，如果在同样大小的图像中，高频图像像素值变化的次数更多，展现出图像中的细节，而低频图像像素值变化的次数更少，看起来模糊，展现出图像大致的部分。

用频率来处理图像，首先需要把图像变换到频率的世界（即 Frequency Domain，频率域），这种变换需要使用傅里叶变换（Fourier Transform）来完成。傅里叶变换在数学上可是具有一册书左右内容的一门学科，而且仅频率处理本身就可称之为一个研究领域。

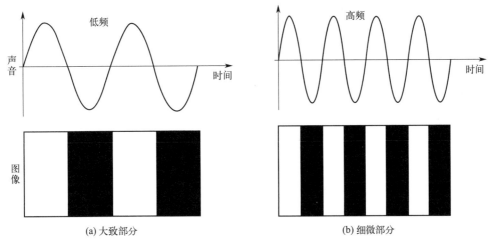

(a) 大致部分   (b) 细微部分

图 8.1　声音与图像的频率关系

　　本书将以尽量简单的方式对这些复杂的内容进行说明。首先介绍把一维信号变换到频率域的方法，接着说明图像的二维信号的频率变换。

8.1.2　频率变换

　　频率变换的基础是任意波形能够表现为单纯的正弦波的和。例如，图 8.2(a) 所示的波形能够分解成图 8.2(b)、图 8.2(c)、图 8.2(d)、图 8.2(e) 所示的四个具有不同幅值、不同相位，以及不同频率的正弦波。

　　在图 8.3 中，虚线所示的正弦波为基本正弦波，其能达到的正的最大值或负的最大值称为幅值或振幅（Magnitude 或 Amplitude）A，基本正弦波的幅值 A 为 1；频率（Frequency）f 是指它单位时间内周期性变化的次数；相位（Phase）ϕ 为正弦波的计时起点，基本正弦波的相位 ϕ 为 0，而实线正弦波的相位 ϕ 不一定为 0。

　　对于图 8.2(b)～(e) 四个波形，将水平轴设为频率 f、垂直轴设为幅值 A，可以画出组成图 8.2(a) 波形的这一系列波形的幅频特性，如图 8.4(a) 所示；将水平轴设为频率 f、垂直轴设为相位 ϕ，可以画出图 8.2(b)～(e) 波形的相频特性，如图 8.4(b) 所示。这种反映频率与幅值、相位之间关系的图形称为傅里叶频谱（Fourier Spectrum）。这样，便把图 8.2(a) 这个周期性变化的任意波形变换到图 8.4 的频率域中了。如果

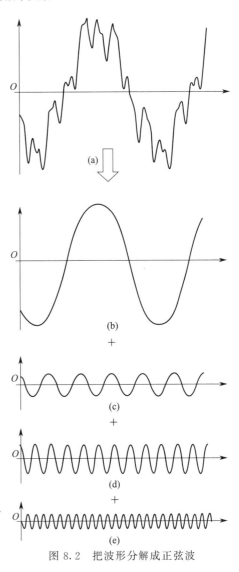

图 8.2　把波形分解成正弦波

将图 8.2(b)～(e) 四个波形进行叠加，将会得到图 8.2(a)。幅值越小，频率越高的波形，对叠加后的波形具有的修饰作用越小，所以此处只展现了 4 个波形。其实还有更多频率更高、幅值更低的波形与这四个波形共同叠加成为图 8.2(a) 中的任意波形，理论上是有无穷个波形共同叠加的。

在图 8.4(a) 幅频特性中，图 8.2(b)～(e) 这四个波形所对应的幅值依次从最大到最小，而频率依次从最小到最大；而在图 8.4(b) 相频特性中，图 8.2(b)～(e) 这四个波形所对应的相位依次从最小到最大，频率依次也是从最小到最大。

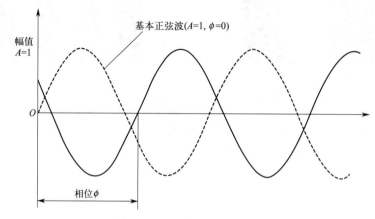

图 8.3 正弦波的幅值和相位

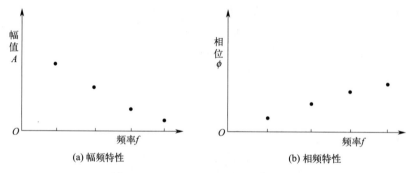

图 8.4 图 8.2(a) 所示波形的频谱图

可以看出，无论在空间域（Spatial Domain）中多么复杂的波形都可以变换到频率域（Frequency Domain）中。哪怕是非周期变化的任意波形，一般在频率域中也是连续的形式，如图 8.5 所示。

连续傅里叶变换如式(8.1) 所示：

$$F(f) = \int_{-\infty}^{\infty} f(t) e^{-j2\pi ft} \, dt \qquad 傅里叶变换$$

$$f(t) = \int_{-\infty}^{\infty} F(f) e^{j2\pi fx} \, dx \qquad 傅里叶逆变换$$

$$F(\omega) = \int_{-\infty}^{\infty} f(t) e^{-j\omega t} \, dt \qquad 傅里叶变换$$

或者

$$f(t) = \int_{-\infty}^{\infty} F(\omega) e^{j\omega t} \, dt \qquad 傅里叶逆变换$$

$$(8.1)$$

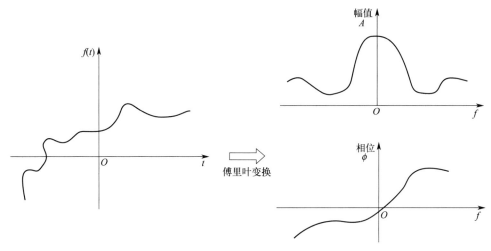

图 8.5　傅里叶变换

其中，角频率 $\omega = 2\pi f$。这是所有频率处理都要用到的非常重要的基础公式。

计算机领域与数学领域的不同在于如下两点：一点是数学领域到目前为止所涉及的信号 $f(t)$ 为如图 8.6(a) 所示的连续信号（模拟信号），而计算机领域所处理的信号是如图 8.6(b) 所示的经采样后的数字信号（T_s 为采样时间）；另一点是数学上考虑无穷大，但是计算机只能进行有限次的运算。考虑了上述因素，计算机领域所受限制的傅里叶变换被称为离散傅里叶变换（Discrete Fourier Transform，DFT）。

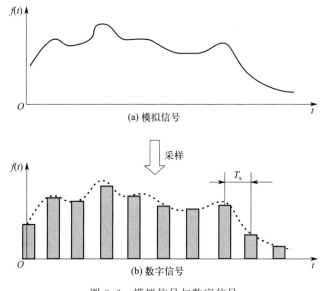

(a) 模拟信号

采样

(b) 数字信号

图 8.6　模拟信号与数字信号

8.1.3　离散傅里叶变换

离散傅里叶变换（DFT）可以通过把式(8.1) 的傅里叶变换变为离散值来导出。现假定输入信号为 $x(0)$、$x(1)$、$x(2)$、$\cdots$、$x(N-1)$ 共 N 个离散值，那么变换到频率域的结果（复数）如图 8.7 所示，也是 N 个离散值 $X(0)$、$X(1)$、$X(2)$、$\cdots$、$X(N-1)$。

其关系如式(8.2)所示：

$$X(k) = \frac{1}{\sqrt{N}} \sum_{n=0}^{N-1} x(n) W^{kn} \quad \text{DFT}$$

$$x(n) = \frac{1}{\sqrt{N}} \sum_{k=0}^{N-1} X(k) W^{-kn} \quad \text{IDFT}$$

(8.2)

其中，$k=0,1,2,\cdots,N-1$；$n=0,1,2,\cdots,N-1$；$W=\mathrm{e}^{-\mathrm{j}\frac{2\pi}{N}}$；IDFT 为离散傅里叶逆变换（Inverse Discrete Fourier Transform）。这就是 DFT 的基本运算公式。积分运算被求和运算所代替，W 被称为旋转算子。

当数据是 2 的正整数次方时，采用快速傅里叶变换（Fast Fourier Transform，FFT）的算法，可以节省相当大的计算量。在进行快速傅里叶变换时，需要把实际信号作为实数部输入，输出是复数的实数部（用 a_rl 表示）和虚数部（用 a_im 表示）。如果想要了解幅值特性（Amplitude Characteristic）A 和相位特性（Phase Characteristic）ϕ，可进行如下变换：

$$A = \sqrt{a\_rl^2 + a\_im^2}$$

$$\phi = \arctan \frac{a\_im}{a\_rl}$$

(8.3)

这样所得到的频率上的 N 个数列都是什么频率分量呢？见图 8.7，最左边为直流分量，最右边为采样频率分量 f_s。另外还有一个突出的特点就是以采样频率的 1/2 处的点为中心，幅值特性左右对称，相位特性中心对称。这说明了什么呢？

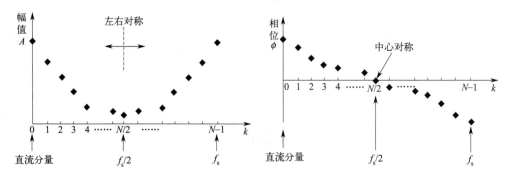

图 8.7 由 DFT 求取幅值 A 和相位 ϕ

首先让我们了解一下采样频率（Sampling Frequency）和采样定理（Sampling Theorem）的概念。由某时间间隔 T(s) 对模拟图像进行采样后得到数字图像，这时称 $1/T$（Hz）为采样频率。根据采样定理，数字信号最多只能表示采样频率的 1/2 频率的模拟信号。例如，CD（小型光碟）采用 44.1kHz 采样频率，理论上只能表示 0～22.05kHz 的声音信号。因此，当采样频率为 f_s 时，模拟信号用数字信号置换的实质上就是 0～$f_s/2$ 之间的值。

8.1.4 图像的二维傅里叶变换

到目前为止所介绍的所有信号都是一维信号，而由于图像是平面的，所以它是二维信号，具有水平和垂直两个方向上的频率。另外，在图像的频谱中常常把频率平面的中心作为直流分量。

图 8.8 是当水平频率为 u、垂直频率为 v 时与实际图像对应的情形。另外，同样二维频

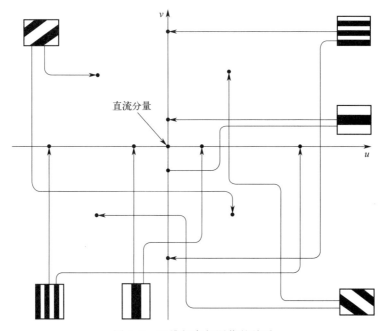

图 8.8　二维频率与图像的关系

谱的幅值特性是以幅值 A 轴为中心的轴对称、相位特性是以原点为中心的点对称。

二维频率如何进行计算呢？比较简单的方法是分别进行水平方向的一维 FFT 和垂直方向的一维 FFT，如图 8.9 所示的处理框图。

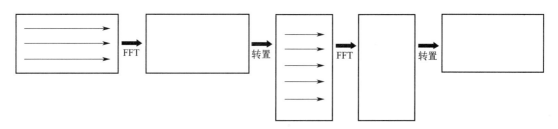

图 8.9　二维 FFT 的处理框图

8.1.5　滤波处理

滤波器（Filter）的作用是使某些东西通过，使某些东西阻断。频率域中的滤波器则是使某些频率通过，使某些频率阻断。

这种滤波处理，可以被认为是滤波器的频率和图像的频率相乘的处理，实际上变更这个滤波器的频率特性可以得到各种各样的处理结果。假定输入图像为 $f(i,j)$，则图像的频率 $F(u,v)$ 变为：

$$F(u,v)=D\big[f(i,j)\big] \tag{8.4}$$

式中，D 表示 DFT。

如果滤波器的频率特性表示为 $S(u,v)$，则处理图像 $g(i,j)$ 表示为：

$$g(i,j)=D^{-1}\big[F(u,v)\times S(u,v)\big] \tag{8.5}$$

式中，D^{-1} 表示 IDFT。

在此，假定 $S(u,v)$ 经 IDFT 得到 $s(i,j)$，那么式（8.5）将变形为式（8.6）：

$$g(i,j)=D^{-1}[F(u,v)\times S(u,v)]$$
$$=D^{-1}[F(u,v)]\otimes D^{-1}[S(u,v)] \qquad (8.6)$$
$$=f(i,j)\otimes s(i,j)$$

这个⊗符号被称为卷积（Convolution）运算符号，卷积运算实际上在到目前为止的图像处理中出现过多次了。那些利用微分算子进行的微分运算就是卷积运算，例如拉普拉斯算子。从式(8.6)可以得到一个非常重要的性质：在图像上（空间域）的卷积运算与频率域的乘积运算是完全相同的操作。从这个结果可见，拉普拉斯算子实际上是让图像的高频分量通过的滤波处理，从而增强了高频成分。同样平滑化（移动平均法）是让低频分量通过的滤波处理。

8.1.6 图像傅里叶变换实践

打开 ImageSys 软件，读入要变换的图像（灰度图或彩色图），依次点击菜单中的"频率域变换"—"傅里叶变换"，打开如图 8.10 所示的傅里叶变换窗口。

图 8.10 傅里叶变换界面功能

注："傅里叶"和"傅立叶"均为 Fourier 的译名，软件中为"傅立叶"，正文中均统一成"傅里叶"。

打开傅里叶变换窗口时，会弹出提示：快速傅里叶变换只能处理尺寸大小为 2 的次方的图像！图像大小不是 2 的次方数，系统自动裁剪最大的 2 的次方数区域进行处理。

（1）功能介绍

① 恢复图像：把频率域图像恢复到空间域。

② 傅里叶变换：对当前显示的一帧图像进行傅里叶变换。

③ 原图像幅度谱：显示最近一次傅里叶变换得到的幅度谱图像。点击此键后，滤波器类型自动跳到"原图像幅度谱"选项，再点"恢复图像"则恢复原图像。

④ 频率域滤波器类型：可以选择各种类型的滤波器。

a. 原图像幅度谱。显示最近一次傅里叶变换得到的幅度谱图像。

b. 用户自定义。用"画图"工具自定义滤波器，把要去掉的频率涂黑。

c. 理想低通滤波器。

d. 梯形低通滤波器。

e. 布特沃斯低通滤波器。

f. 指数低通滤波器。

g. 理想高通滤波器。

h. 梯形高通滤波器。

i. 布特沃斯高通滤波器。

j. 指数高通滤波器。

⑤ 指数 n：设定滤波器的指数 n，此指数决定传递函数的衰减率或增长率。

⑥ 半径 D0：设定滤波器的参数 $D0$，此参数为传递函数的截止频率。

⑦ 半径 D1：设定滤波器的参数 $D1$，可选取大于截止频率的任意值。

⑧ 滤波：根据选定的滤波器及设定的滤波器参数对图像进行滤波，滤波显示的是频率域图像。若想查看对应的空间域图像，则点击"恢复图像"进行查看。

⑨ 频数分布图：此栏可以查看频率图像的环特征和楔特征。彩色图像时在左边颜色分量一栏中选中要查看的颜色分量（R、G、B 分量），灰度图像时自动设定为灰度；在中间"分割数"一栏中输入环特征或楔特征的分割区域数量；选择环特征或楔特征；点击"执行"查看对应的分布图。

⑩ 环特征：选中查看频率谱的环特征。环特征——频率图像在极坐标系中沿极半径方向划分为若干同心环状区域，分别计算每个同心环状区域上的能量总和，也就是频率总和。

⑪ 楔特征：选中查看频率谱的楔特征。楔特征——频率图像在极坐标系中沿极角方向划分为若干楔状区域，分别计算每个楔状区域上的能量总和。

⑫ 执行：点击查看环特征或楔特征。

（2）功能实践

① 如图 8.10，点击"傅里叶变换"键，得到图 8.11 的频率图。

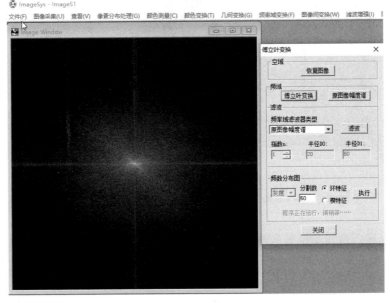

图 8.11　频率图

② 点击"频数分布图"一栏的"执行"键，查看其频率分布图的环特征，如图 8.12 所示。注意：可以不查看环特征。

③ 选择"楔特征"查看其楔特征，如图 8.13 所示。注意：可以不查看楔特征。

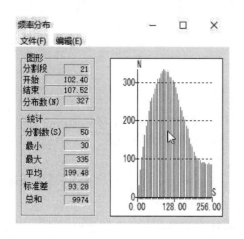
图 8.12　环特征

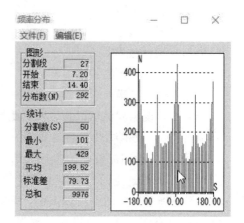
图 8.13　楔特征

④ 在"频率域滤波器类型"一栏，选择"指数低通滤波器"，设定指数 n 为 1，截止半径 $D0$ 为 20，点击"滤波"，结果如图 8.14 所示。注意：可以选择其他滤波操作。

图 8.14　指数低通滤波器

⑤ 点击"恢复图像"，查看滤波后的空间域图像，如图 8.15 所示，可以看出经过低通滤波的图像变模糊了。

⑥ 同理，可以选择其他类型的滤波器，查看其滤波效果。图 8.16 是经过布特沃斯高通滤波后的空间域图像。

⑦ 在"频率域滤波器类型"一栏，选择"用户自定义"时，可以点击菜单"画图"，打开"画图"窗口，对频率图像进行删除频率处理。

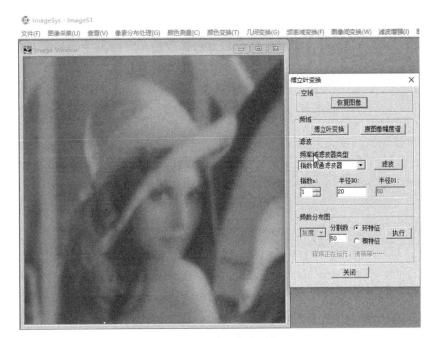

图 8.15　低通滤波图像

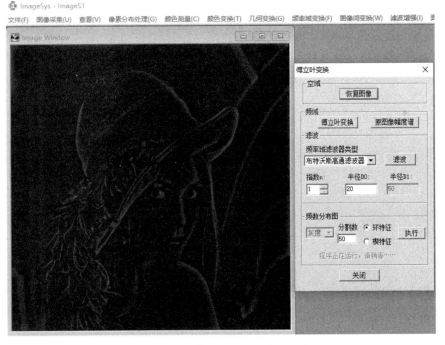

图 8.16　布特沃斯高通滤波后图像

⑧ 图 8.17 所示是利用画图功能删除频率带图。操作方法：设定"图像灰度"和"边缘灰度"都为 0，选择"圆（中心/半径）"后，画 2 个同心圆；然后选择"涂抹"，鼠标点击同心圆之间位置，进行涂抹。图 8.18 是用画图功能删除频率带后，在"傅里叶变换"窗口执行"恢复图像"的结果。

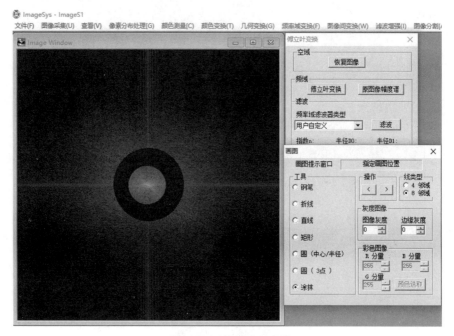

图 8.17　画图删除频率带

图 8.18　图 8.17 频率的傅里叶逆变换图像

⑨ 需要注意的是，快速傅里叶变换（FFT）只能处理图像的长和宽都是 2 的次方数的图像。如果读入的图像大小不是 2 的次方数，系统自动裁剪最大的 2 的次方数区域进行 FFT 处理。例如，图 8.19 是 640 像素×480 像素图像，FFT 处理区域为 512 像素×255 像素。

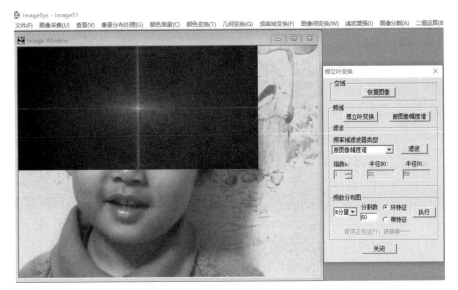

图 8.19　图像大小为非 2 的次方数图像的傅里叶变换

8.2　小波变换

8.2.1　小波变换概述

小波变换（Wavelet Transform），也称小波分析（Wavelet Analysis），是 20 世纪 80 年代后期发展起来的一种新的分析方法，是继傅里叶分析之后纯粹数学和应用数学殊途同归的又一光辉典范。小波变换的产生、发展和应用始终受惠于计算机科学、信号处理、图像处理、应用数学、地球科学等众多科学和工程技术应用领域的专家、学者和工程师们的共同努力。在理论上，小波变换比较系统的框架主要是由数学家 Y. Meyer、地质物理学家 J. Morlet 和理论物理学家 A. Grossman 研究构成的。而 I. Daubechies 和 S. Mallat 把这一理论引用到工程领域中，使其发挥了极其重要的作用。小波变换现在已成为科学研究和工程技术应用中涉及面极其广泛的一个热门话题。不同的领域对小波变换会有不同的看法：

① 数学家说，小波是函数空间的一种优美的表示；

② 信号处理专家则认为，小波变换是非平稳信号时-频分析（Time-Frequency Analysis）的新理论；

③ 图像处理专家又认为，小波变换是数字图像处理的空间-尺度分析（Space-Scale Analysis）和多分辨分析（Multiresolution Analysis）的有效工具；

④ 地球科学和故障诊断的学者却认为，小波变换是奇性识别的位置-尺度分析（Position-Scale Analysis）的一种新技术；

⑤ 微局部分析家又把小波变换看作细微-局部分析的时间-尺度分析（Time-Scale Analysis）的新思路。

总之，小波变换具有多分辨率特性，也称作多尺度特性，可以由粗到精地逐步观察信号，也可看成是用一组带通滤波器对信号做滤波。通过适当地选择尺度因子和平移因子，可得到一个伸缩窗，只要适当选择基本小波，就可以使小波变换在时域和频域都具有表征信号局部特征的能力。基于多分辨率分析与滤波器组相结合，丰富了小波变换的理论基础，拓宽了其应用范围。这一切都说明了这样一个简单事实，即小波变换已经深深地植根于科学研究和工程技术应用研究的许许多多我们感兴趣的领域，一个研究和使用小波变换的时代已经到来。

8.2.2 小波与小波变换

到目前为止，一般信号分析与合成中经常使用傅里叶变换（Fourier Transform）。然而，由于傅里叶基（Basis）是采用无限连续且不具有局部性质的三角函数，所以在经过傅里叶变换后的频率域中时间信息完全丢失。与其相对，小波变换由于能够得到局部性的频率信息，从而使得有效地进行时间频率分析成为可能。

那么，什么是小波与小波变换？乐谱可以看作是一个描述二维的时频空间，如图 8.20 所示。频率（音高）从乐谱的底部向上增加，而时间（节拍）则向右发展；乐章中每一个音符都对应于一个将出现在这首曲子的演出记录中的小波分量（音调）；每一个小波持续宽度都由音符的类型（1/4 音符、半音符等）来编码，而不是由它们的水平延伸来编码。假定，要分析一次音乐演出的记录，并写出相应的乐谱，这个过程就可以说是小波变换；同样，音乐家的一首曲子的演出录音就可以看作是一种逆小波变换，因为它是用时频表示来重构信号的。

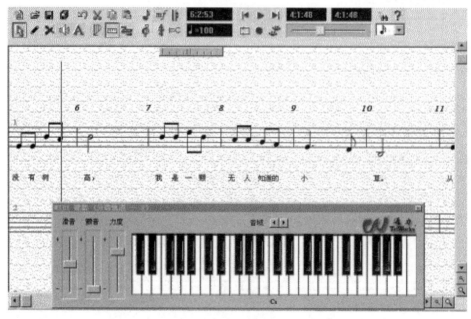

图 8.20　乐谱

小波（Wavelet）意思是"小的波"或者"细的波"，是平均值为 0 的有效有限持续区间的波。具体地说，小波就是空间平方可积函数（Square Integrable Function）L^2（**R**）（**R** 表示实数）中满足式(8.7) 和式(8.8) 条件的函数或者信号 $\psi(t)$：

$$\int_{\mathbf{R}} \left| \psi(t) \right|^2 \mathrm{d}t < \infty \tag{8.7}$$

$$\int_{\mathbf{R}^*} \frac{\left| \Psi(\omega) \right|^2}{\left| \omega \right|} \mathrm{d}\omega < \infty \tag{8.8}$$

这时，$\psi(t)$ 也称为基小波（Basic Wavelet）或者母小波（Mother Wavelet），式(8.8) 称为容许性条件。式(8.9) 为由基小波生成的依赖于参数 (a,b) 的连续小波变换（Continuous Wavelet Transform，CWT）函数，简称小波函数（Wavelet Function）。

$$\psi_{a,b}(t) = \frac{1}{\sqrt{a}} \psi \left(\frac{t-b}{a} \right) \tag{8.9}$$

如图 8.21 所示，是小波 $\psi(t)$ 在水平方向增加到 a 倍、平移 b 的距离得到的。$1/\sqrt{a}$ 是为了规范化（归一化）的系数。a 为尺度（Scale）参数，b 为平移（Shift）参数。由于 a 表示小波的时间幅值，所以 $1/a$ 相当于频率。

对于任意的函数或者信号 $f(t) \in L^2(\mathbf{R})$，其连续小波变换为式(8.10)：

$$W(a,b) = \frac{1}{\sqrt{a}} \int_{\mathbf{R}} f(t) \psi^* \left(\frac{t-b}{a} \right) \mathrm{d}t \tag{8.10}$$

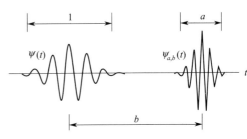

图 8.21　小波与小波函数

小波函数一般是复数，其内积中使用复共轭。$W(a,b)$ 相当于傅里叶变换的傅里叶系数，ψ^* 为 ψ 的复共轭，$t=b$ 时表示信号 $f(t)$ 中包含有多少 $\psi_{a,b}(t)$ 的成分。由于小波基不同于傅里叶基，因此小波变换也不同于傅里叶变换，特别是小波变换具有尺度参数 a 和平移参数 b 两个参数。a 增大，则时窗伸展，频窗收缩，带宽变窄，中心频率降低，而频率分辨率增高；a 减小，则时窗收缩，频窗伸展，带宽变宽，中心频率升高，而频率分辨率降低。这恰恰符合实际问题中高频信号持续时间短、低频信号持续时间长的自然规律。

在进行基于数值计算的信号的小波变换以及逆变换时，需要使用离散小波变换。

8.2.3　离散小波变换

一般 a、b 按式(8.11) 取二进分割（Dyadic Decomposition），即可对连续小波离散化：

$$a = 2^j$$
$$b = k 2^j \tag{8.11}$$

如 $j = 0, \pm 1, \pm 2, \cdots$ 离散化时，相当于小波函数的宽度减少一半，进一步减少一半，或者增加一倍，进一步增加一倍等进行伸缩。另外，$k = 0, \pm 1, \pm 2, \cdots$ 能够覆盖所有的变量领域。

把式(8.11) 代入式(8.9) 得到的小波函数称为二进小波（Dyadic Wavelet），即式(8.12)：

$$\psi_{j,k}(t) = \frac{1}{\sqrt{2^j}} \psi \left(\frac{t - k 2^j}{2^j} \right) = 2^{-\frac{j}{2}} \psi(2^{-j} t - k) \tag{8.12}$$

采用这个公式的小波变换称为离散小波变换（Discrete Wavelet Transform）。这个公式是 Daubechies 表现法，t 前面的 2^{-j} 相当于傅里叶变换的角频率，所以 j 值较小的时候为高频。

8.2.4　小波族

下面介绍常用的小波族。

（1）哈尔小波（Haar Wavelet）

哈尔小波是最早、最简单的小波，哈尔小波满足放大缩小的规范正交条件，任何小波的讨论都是从哈尔小波开始的。哈尔小波用公式表示如式（8.13）所示，用图表示为图 8.22。

$$\psi(t)=\begin{cases} 1 & 0\leqslant t<1/2 \\ -1 & 1/2\leqslant t<1 \\ 0 & 其他 \end{cases} \qquad (8.13)$$

（2）Daubechies 小波

Ingrid Daubechies 是小波研究的开拓者之一，发明了紧支撑正交小波，从而使离散小波分析实用化。Daubechies 小波可写成 db$N$，在此，N 为阶（Order），db 为小波名。其中，db1 小波就等同于上述的 Haar 小波。图 8.23 是 Daubechies 族的其他 9 个成员的小波函数。

另外还有双正交（Biorthogonal）样条小波、Coiflets 小波、Symlets 小波、Morlet 小波、Mexican Hat 小波、Meyer 小波等。

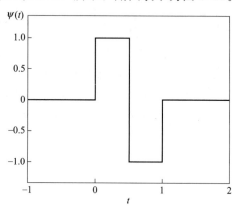

图 8.22　哈尔小波函数

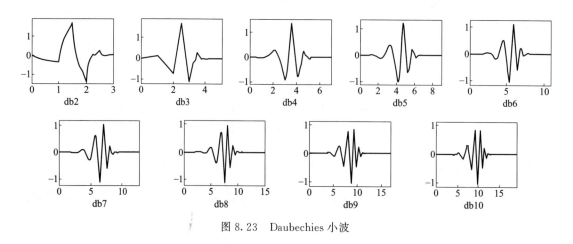

图 8.23　Daubechies 小波

8.2.5　信号的分解与重构

下面使用小波系数（Wavelet Coefficient），说明信号的分解与重构（Decomposition and Reconstruction）方法。

首先，由被称为尺度函数的线性组合来近似表示信号。尺度函数的线性组合称为近似函数（Approximated Function）。另外，近似的精度被称为级（Level）或分辨率索引，第 0 级是精度最高的近似，级数越大，表示越粗略的近似。任意第 j 级的近似函数与精度粗一级的第 $j+1$ 级的近似函数的差分就是小波的线性组合。信号最终可以由第 1 级开始到任意级的小波与尺度函数的线性组合来表示。

在图 8.24 中表示了信号 $f(t)$ 和其近似函数 $f_0(t)$ 和 $f_1(t)$。比较 $f_0(t)$ 和 $f_1(t)$，很明显 $f_1(t)$ 的信号是更加粗略的近似。

在把信号 $f_0(t)$ 用第 J 级的近似函数 $f_J(t)$ 来粗略近似地表示时，如果把粗略近似所失去的成分顺次附加上去的话，就可以恢复 $f_0(t)$，可用式(8.14) 表示，其中 $g_j(t)$ 是第 j 级近似函数 $f_j(t)$ 的小波成分。

$$f_0(t) = g_1(t) + g_2(t) + \cdots + g_j(t) + f_J(t)$$
$$= \sum_{j=1}^{J} g_j(t) + f_J(t) \qquad (8.14)$$

因此可以说，信号 $f_0(t)$ 能够用从第 1 级到第 J 级的 J 个分辨率即多分辨率的小波来表示。这种信号分析被称为多分辨率分析（Multiresolution Analysis）。以上是对哈尔小波的说明。

对于 Daubechies 这样的正交小波，由于函数本身及其尺度函数的形状复杂，用已知的函数难以表现。为此，Mallat 在 1989 年提出了用离散序列表示正交小波及其尺度函数的方法。

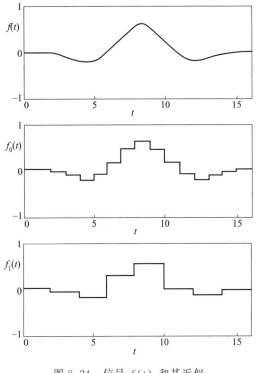

图 8.24 信号 $f(t)$ 和其近似
函数 $f_0(t)$ 和 $f_1(t)$

8.2.6 图像处理中的小波变换

下面对使用离散小波的二维图像数据的小波变换进行说明。图像数据作为二维的离散数据给出，用 $f(m,n)$ 表示。与二维离散傅里叶变换的情况相同，首先进行水平方向上的离散小波变换，对其系数再进行垂直方向上的小波变换。把图像数据 $f(m,n)$ 看作第 0 级的尺度系数 $s_{m,n}^{(0)}$。

首先，进行水平方向上的离散小波变换。

$$s_{m,n}^{(j+1,x)} = \sum_k p_{k-2m}^* s_{k,n}^{(j)}$$
$$w_{m,n}^{(j+1,x)} = \sum_k q_{k-2m}^* s_{k,n}^{(j)} \qquad (8.15)$$

式中，$s_{m,n}^{(j+1,x)}$ 及 $w_{m,n}^{(j+1,x)}$ 分别表示水平方向的尺度系数及小波系数；p_{k-2m}^* 表示 Daubechies 小波尺度系数的序列；q_{k-2m}^* 表示小波的序列。同一字母的上下角标不同表示方向或维度的不同，物理量含义相同。$j=0$ 时如图 8.25 所示。

接着，分别对系数进行垂直方向的离散小波变换。

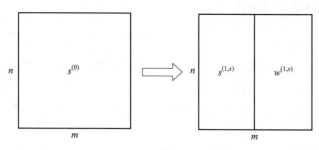

图 8.25 $s_{m,n}^{(0)}$ 的分解

$$s_{m,n}^{(j+1)} = \sum_l p_{l-2n}^* s_{m,l}^{(j+1,x)}$$

$$w_{m,n}^{(j+1,h)} = \sum_l q_{l-2n}^* s_{m,l}^{(j+1,x)}$$

$$w_{m,n}^{(j+1,v)} = \sum_l p_{l-2n}^* w_{m,l}^{(j+1,x)}$$

$$w_{m,n}^{(j+1,d)} = \sum_l q_{l-2n}^* w_{m,l}^{(j+1,x)}$$

(8.16)

式中，$w_{m,n}^{(j+1,h)}$ 表示在水平方向上使尺度函数起作用、垂直方向上使小波起作用的系数；$w_{m,n}^{(j+1,v)}$ 表示在水平方向上使小波起作用、垂直方向上使尺度函数起作用的系数；$w_{m,n}^{(j+1,d)}$ 表示在水平和垂直方向上全都使小波起作用的系数。$j=0$ 时如图 8.26 所示。

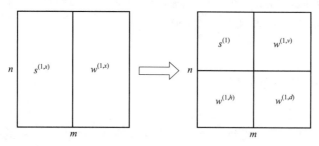

图 8.26 $s_{m,n}^{(1,x)}$ 及 $w_{m,n}^{(1,x)}$ 的分解

综合式(8.15) 和式(8.16) 得：

$$s_{m,n}^{(j+1)} = \sum_l \sum_k p_{k-2m}^* p_{l-2n}^* s_{k,l}^{(j)}$$

$$w_{m,n}^{(j+1,h)} = \sum_l \sum_k p_{k-2m}^* q_{l-2n}^* s_{k,l}^{(j)}$$

$$w_{m,n}^{(j+1,v)} = \sum_l \sum_k q_{k-2m}^* p_{l-2n}^* s_{k,l}^{(j)}$$

$$w_{m,n}^{(j+1,d)} = \sum_l \sum_k q_{k-2m}^* q_{l-2n}^* s_{k,l}^{(j)}$$

(8.17)

上式中仅对 $s_{m,n}^{(j+1)}$ 进一步分解成 4 个成分，通过不断重复迭代这一过程，进行多分辨率分解。

这个重构与一维的情况相同，按下式进行：

$$s_{m,n}^{(j)} = \sum_k \sum_l \left[p_{m-2k} p_{n-2l} s_{k,l}^{(j+1)} + p_{m-2k} q_{n-2l} w_{k,l}^{(j+1,h)} + q_{m-2k} p_{n-2l} w_{k,l}^{(j+1,v)} + q_{m-2k} q_{n-2l} w_{k,l}^{(j+1,d)} \right]$$

$$(8.18)$$

8.2.7 图像小波变换实践

打开 ImageSys 软件，读入要变换的图像，依次点击菜单中的"频率域变换"—"小波变换"，打开图 8.27 所示的"小波变换"窗口。

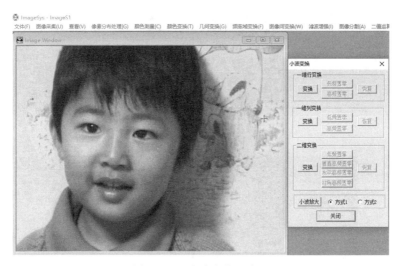

图 8.27 "小波变换"窗口

（1）一维行变换

① 变换：对设定区域内的图像进行水平方向的小波变换。行"变换"以后，水平方向"低频置零""高频置零""恢复"可用。

② 低频置零：去掉行变换以后水平方向的低频成分。

③ 高频置零：去掉行变换以后水平方向的高频成分。

④ 恢复：对设定区域内的图像进行水平方向的小波逆变换。

图 8.28 是一维行变换 4 次的小波图像。图 8.29(a) 是低频置零图，图 8.29(b) 是恢复 4 次的高频图像，去掉了行方向的低频成分。

（2）一维列变换

① 变换：对设定区域内的图像进行垂直方向的小波变换。列变换以后，垂直方向"低频置零""高频置零""恢复"可用。

② 低频置零：去掉列变换以后垂直方向的低频成分。

③ 高频置零：去掉列变换以后垂直方向的高频成分。

④ 恢复：对设定区域内的图像进行垂直方向的小波逆变换。

图 8.30 是一维列变换 4 次的小波图像。图 8.31(a) 是高频置零图，图 8.31(b) 是恢复 4 次的低频图像，去掉了列方向的高频成分。

（3）二维变换

① 变换：对设定区域内的图像进行水平和垂直两个方向的小波变换，小波变换以后，"低频置零""水平高频置零""垂直高频置零""对角高频置零""恢复"可用。

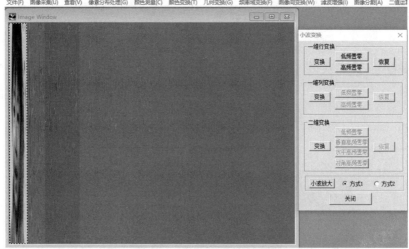

图 8.28　一维行变换 4 次小波图像

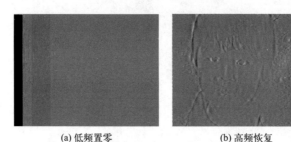

(a) 低频置零　　　　　　(b) 高频恢复

图 8.29　行方向低频置零、高频恢复图像

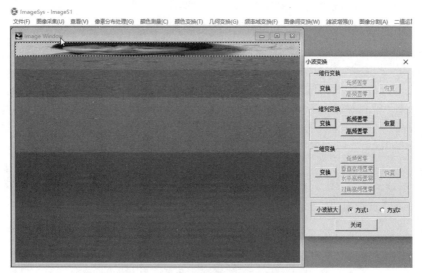

图 8.30　一维列变换 4 次小波图像

② 低频置零：去掉小波变换以后的低频成分。

③ 水平高频置零：去掉小波变换以后水平方向的高频成分。

④ 垂直高频置零：去掉小波变换以后垂直方向的高频成分。

(a) 高频置零   (b) 低频恢复

图 8.31   列方向高频置零、低频恢复图像

⑤ 对角高频置零：去掉小波变换以后对角方向的高频成分。

⑥ 恢复：对设定区域内的图像进行水平和垂直两个方向的小波逆变换。

图 8.32 是二维变换 4 次的小波图像。图 8.33(a) 是对图 8.32 "低频置零" 得到的图像，图 8.33(b) 是恢复 4 次的高频图像，去掉了二维低频成分。

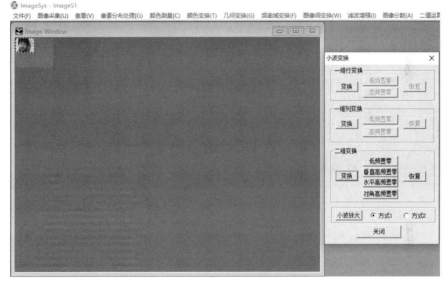

图 8.32   二维变换 4 次的小波图像

图 8.34(a) 是对图 8.32 "水平高频置零" "垂直高频置零" "对角高频置零" 得到的图像，图 8.34(b) 是恢复 4 次的低频图像，去掉了二维高频成分。

（4）小波放大

对设定区域内的图像进行小波放大。小波放大的基本原理是：将选择区域作为低频图像，制作垂直高频、水平高频和对角高频图像，对这 4 个图像进行逆小波变换，生成放大一倍的图像。高频图像的制作方式不同，决定了小波放大的效果。

选择 "方式 1"，图像区域的尺寸不受限制。

选择 "方式 2"，图像区域的尺寸会自动缩放为长宽相等，且为 2 的 n 次方。"方式 2" 的清晰度要比 "方式 1" 高。

按住 Shift＋鼠标左键，在左眼睛周围画放大区域，选择放大方式，执行 "小波放大" 获得选定区域的放大图像。图 8.35 和图 8.36 分别是 "方式 1" 和 "方式 2" 的放大图像。

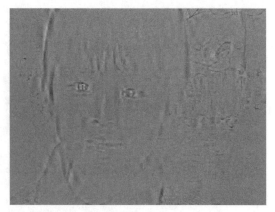

(a) 低频置零   (b) 高频恢复

图 8.33   低频置零、高频恢复图像

(a) 高频置零   (b) 低频恢复

图 8.34   高频置零、低频恢复图像

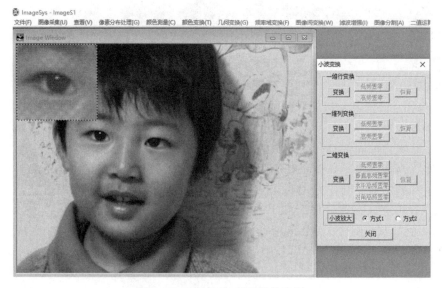

图 8.35   "方式 1" 的区域放大图

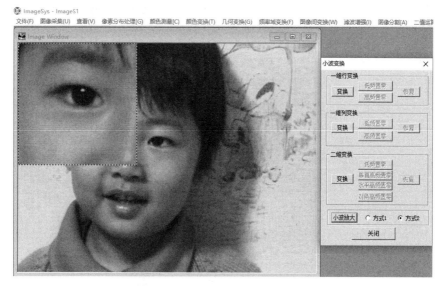

图 8.36 "方式 2"的区域放大图

8.3 工程应用案例——小麦播种导航路径检测

8.3.1 试验设备与视频采集

试验用小麦播种视频为自然环境下利用数字摄像机在天津、河南等地实地拍摄得到。其中拖拉机为 25 马力❶，作业速度 10km/h。摄像机的型号为 Sony DCR-PC10，拍摄视频的分辨率为 640 像素×480 像素，帧率 30 帧/秒。图像处理设备为 PC 机，配置 Intel Pentium (R) Dual-Core 处理器，主频为 2.6GHz，内存为 2.0GB。利用 Microsoft Visual Studio 2010 进行了算法的研究开发。

8.3.2 第一帧田埂导航直线检测

对于摄像机采集到的彩色田埂视频的第一帧图像，首先在图像中心确定处理窗口，获得主颜色发生变化的位置。之后，找出图像中的最大颜色分量并对该分量图像进行小波平滑处理。最后，针对平滑后的分量图像，从主颜色发生变化的位置开始，自下而上逐行分析线形特征，寻找候补点，完成导航直线的检测。大致步骤如下。

① 以图像 x 方向上中心 $x_{size}/4$ 宽和 y 方向上 y_{size} 高的区域作为处理窗口，其中 x_{size}、y_{size} 分别表示图像的宽度和高度，如图 8.37 所示。定义用于存放累计分布图数据的数组 A_r、A_g、A_b，其中数组的大小均为处理窗口的宽度（$x_{size}/4$）。之后，分别计算处理窗口内红（R）、绿（G）、蓝（B）三个分量图像的垂直累计分布图数据，并依次存入数组 A_r、A_g、A_b 中。

② 利用小波系数 $N=8$ 的 Daubechies 小波分别对数组 A_r、A_g、A_b 进行一维小波变

---

❶ 1 马力＝735.49875W。

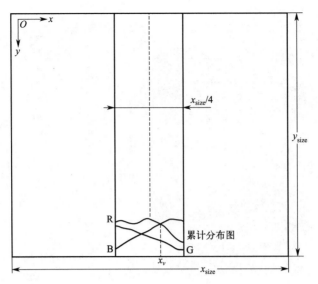

图 8.37　处理窗口及主颜色为 R 分量时变化位置示意图

换，去除高频分量后进行反变换，如此进行 3 次得到平滑后的数组记为 A'_r、A'_g、A'_b。

③ 遍历数组 A'_r、A'_g、A'_b，分别找出符合式（8.19）、式（8.20）、式（8.21）的元素数量，并记为 N_r、N_g、N_b。比较 N_r、N_g、N_b 的大小，并将其中最大数组所对应的颜色分量作为主颜色。之后，重新扫描三个数组，若主颜色为红色，则先寻找符合式（8.19）的点，找到之后便开始寻找第一个符合 $A'_r[i]<A'_g[i]$ 或 $A'_r[i]<A'_b[i]$ 的点，并将此点作为主颜色，发生变化的位置记为 x_v；如果扫描完整个数组后仍未找到符合条件的点，则找出数组 A'_r 中的最小值并将最小值所对应的元素位置作为 x_v。对于主颜色为绿色及蓝色的情况也进行类似处理。

$$A'_r[i]>A'_g[i]\text{且}A'_r[i]>A'_b[i] \tag{8.19}$$

$$A'_g[i]>A'_r[i]\text{且}A'_g[i]>A'_b[i] \tag{8.20}$$

$$A'_b[i]>A'_r[i]\text{且}A'_b[i]>A'_g[i] \tag{8.21}$$

其中，i 表示数组的第 i 个元素。

④ 统计原彩色图像中各个像素点的彩色信息，分别找出 R、G、B 分量为最大时像素点的数量。将数量最多的那个分量颜色作为图像的最大颜色，记为 X（其中 X 表示 R、G 或者 B）。之后对处理窗口内 X 分量图像逐行进行如步骤②所述的小波平滑处理，获得平滑后的分量图像。此外，在之后各帧图像的识别中均以该颜色的分量图像为目标。

⑤ 从平滑后的 X 分量图像下方开始，自下向上扫描前 p 行像素（设 $p=y_{\text{size}}/25$）。在扫描第一行像素时，以 x_v 为中点，左右各扩展 q 个像素范围（设 $q=p/2$），在此范围内寻找波谷位置记作 (x_{v0},y_{v0})。扫描第二行像素时，以 x_{v0} 为中心，同样左右各扩展 q 个像素作为范围，寻找第二行的波谷位置记作 (x_{v1},y_{v1})。之后的 $p-2$ 行以此类推（如图 8.38 所示）。

⑥ 定义用于存放各行候补点的数组 V_E，从第 p 行开始，每次均以前 p 行波谷位置的平均值作为中心，左右各扩展 q 个像素，统计当前行上下各 p 行范围内的垂直累计分布图数据。之后，将累计分布图的波谷位置作为当前行的候补点并将其坐标存入数组 V_E 中。重

复此操作，直至图像顶端 p 行处。

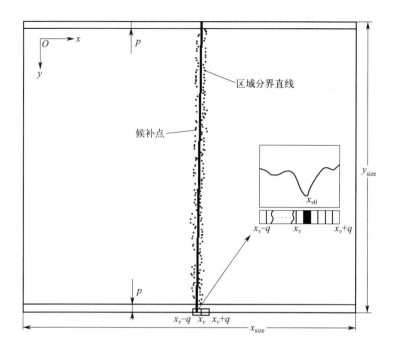

图 8.38 第一帧图像候补点群及导航直线检测示意图

⑦ 计算数组 V_E 中各点 x 坐标的平均值记为 x_{va}，以点（x_{va}，$y_{size}/2$）为已知点对数组 V_E 进行过已知点哈夫变换（参考 13.2.1 节"哈夫变换"），获得导航直线。统计导航直线上各点的横坐标并存入数组 L 中，其中 L 大小为图像高度 y_{size}。

8.3.3 非第一帧田埂导航直线检测

从第二帧图像开始，以后各帧图像均和其前一帧进行关联，利用上一帧的候补点群分段进行哈夫变换，根据哈夫变换获得的直线重新确定各行的处理区域并进行小波平滑处理。其中，进行小波平滑的图像仍为第一帧确定的 X 分量图像。之后，在平滑后的图像行内分析线形特征，寻找当前帧的候补点群，完成导航直线的检测。大致步骤如下。

① 将数组 V_E 中存放的上一帧图像上方 $y_{size}/4$ 长度内的各行候补点群数据存入数组 V_{ET} 中，计算 V_{ET} 内各点的 x 坐标的平均值，记为 x_{vta}。以点（x_{vta}，$y_{size}/8$）为已知点，对 V_{ET} 进行过已知点哈夫变换并得到拟合直线 l_t，之后将 l_t 上各点横坐标存入数组 L_t 中。

② 将数组 L 中表示上一帧图像下方 $3y_{size}/4$ 长度内导航直线的数据点存入数组 L_b 中。

③ 对于图像上方 $y_{size}/4$ 长度，以数组 L_t 中各点数据为中心，各行向左右分别扩展 m 个像素宽度［其中 m 经过式(8.22) 计算得到］，缩小横向处理区域范围为 $l_{ti}-m$ 至 $l_{ti}+m$（如图 8.39 中虚线所示；其中，l_{ti} 表示数组 L_t 中的各个数据），并对该区域进行小波平滑处理。之后，计算得到 y 方向上 $y_{size}/8$ 处（$y_{size}/4$ 长度的中心）下方 p 行的波谷信息，从 $y_{size}/8$ 处开始利用上述"第一帧田埂导航直线检测"中步骤⑥所述的方法向上寻找，直至图像顶端 p 行处。同理，对于 $y_{size}/4$ 区域的下半部分，首先获得 y 方向上 $y_{size}/8$ 处上方 p 行的波谷位置信息，之后从 $y_{size}/8$ 处开始向下寻找，直至图像 $y_{size}/4$ 处。在查找过程中，

每当找到相应候补点后，将其对应存入数组 V_E 中。

$$m = \tan\alpha \times y_{\text{size}}/2 \tag{8.22}$$

其中，$\alpha = 5°$ 为播种机作业时允许的最大侧向偏转角。

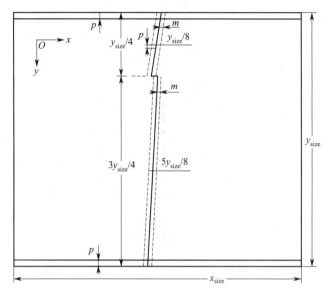

图 8.39　非第一帧图像候补点群及导航直线检测示意图

④ 对于图像下方 $3y_{\text{size}}/4$ 长度，以数组 L_b 中各点数据为中心，各行同样向左右分别扩展 m 个像素宽度，缩小横向处理区域范围为 $l_{bi} - m$ 至 $l_{bi} + m$（如图 8.39 中虚线所示；其中，l_{bi} 表示数组 L_b 中的各个数据），并对该区域进行小波平滑处理。计算图像 y 方向上 $5y_{\text{size}}/8$ 处（图像下方 $3y_{\text{size}}/4$ 长度的中心）下方 p 行的波谷信息，之后从 $5y_{\text{size}}/8$ 处开始利用上述"第一帧田埂导航直线检测"中步骤⑥所述的方法向上寻找，直至图像 $y_{\text{size}}/4$ 处。同理，对于 $3y_{\text{size}}/4$ 区域的下半部分，采用类似方法向下寻找，直至图像底端 $y_{\text{size}} - p$ 行处，在寻找过程中每当查找到相应的候补点后，将其对应存入数组 V_E 中。

⑤ 利用上述"第一帧田埂导航直线检测"中步骤⑦的方法对数组 V_E 进行过已知点哈夫变换，获得当前帧的导航直线，并将其各点的横坐标存入数组 L 中。

8.3.4　播种直线检测

播种直线的检测也分为第一帧检测和非第一帧检测，其检测方法除了没有上述"第一帧田埂导航直线检测"中步骤⑥之外，与田埂的第一帧检测和非第一帧检测完全一样。

8.3.5　检测结果分析

图 8.40 为从视频中截取的不同作业环境下的第一帧图像。其中，图 8.40(a)、(b) 为田埂线图像，图 8.40(c)、(d) 为播种线图像；田埂线与播种线大致位于图像中心处。每个图像上的左右波形图，分别为矩形区域内累计分布图的原数据和小波平滑数据。

从图中可以看出，田埂与田间、已播种地与未播种地的区分均很小，图像中含有的导航信息十分微弱。此外，从数据波形图可以看出，经小波处理后高频噪声被去除，数据得到了很好的平滑。

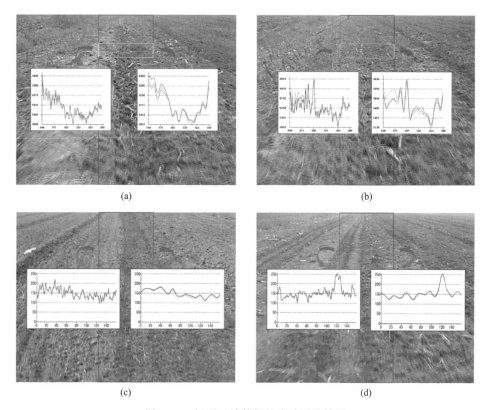

图 8.40　矩形区域数据的小波平滑效果

　　图 8.41 为图 8.40 的处理窗口区域（图 8.40 中大矩形框所示）在垂直方向上的累计分布图的小波平滑数据。其中，图 8.41(a)、（b）为田埂线第一帧 R、G、B 各分量的数据；图 8.41(c)、（d）为播种线第一帧的最大分量数据。从图 8.41(a) 中可以看出，处理窗口内图像的主颜色为蓝色，其发生变化的位置在 295 处，即 $x_v = 295$；在图 8.41(b) 中，主颜色为绿色，$x_v = 316$。对于播种线图像，如图 8.41(c)、（d）所示，其波谷位置分别为 $x_v = 310$ 及 $x_v = 309$。通过与图 8.40 中原图像进行比较发现，x_v 大致对应图像底端田埂与田间、已播种地与未播种地的分界位置。

　　导航直线检测部分，将在 13.5.3 节"农田视觉导航线检测"中介绍。

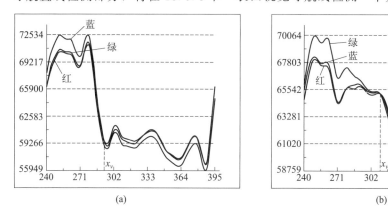

图 8.41

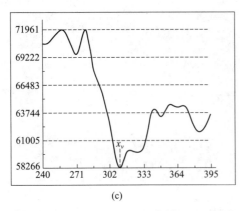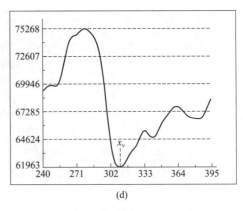

图 8.41　图 8.40 处理窗口在垂直方向上的累计分布图

 思考题

1. 图像频率与电信号频率有什么不同？
2. 小波平滑与移动平滑相比有什么优点和缺点？

第9章

图像间变换

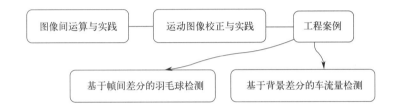

9.1 图像间运算及实践

9.1.1 运算内容

图像间运算实际就是图像对应像素之间的运算，包括算术运算和逻辑运算。算术运算就和我们平常所说的十进制的加减乘除一样，只是运算对象为原图像像素的值，目标像素的值由两个输入图像对应位置像素的加减乘除求得。

算数算子：＋（加），－（减），×（乘），/（除）。

逻辑运算是一种只存在于二进制中的运算，将两张输入图像（灰度图像或彩色图像均可）的每个像素值进行二进制的"与""或""非""异或""异或非"操作。主要实现图像裁剪、反色等。

逻辑算子：AND（与），OR（或），XOR（异或），XNOR（异或非）。

9.1.2 运算实践

打开 ImageSys 软件，点击菜单中的"文件"—"多媒体文件"，打开"多媒体文件"窗口，读入 Badminton（羽毛球）视频。点击菜单中的"图像间变换"—"图像间运算"，打开"图像间运算"窗口，如图 9.1 所示。

（1）窗口功能介绍

① 输入帧：

a.（1）表示开始运算的图像帧序号，或图像帧的范围。

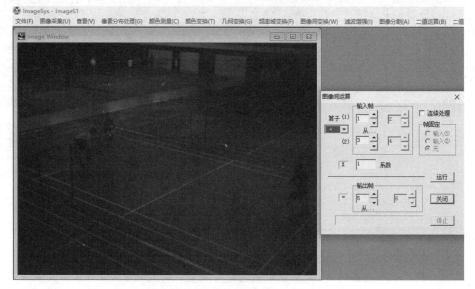

图 9.1　图像间运算功能

b.（2）表示与（1）运算的图像帧序号，或图像帧的范围。

② 算子：

a. 算术算子：＋，－，×，/。

b. 逻辑算子：AND，OR，XOR，XNOR。

③ 系数：算术运算时，对各个像素的运算所乘的系数，可以任意指定。

④ 输出帧：表示运算结果输出的帧序号或帧范围。

⑤ 连续处理：同时处理多帧图像时选择。

⑥ 帧固定：连续处理时，输入帧（1）或（2）固定不变时选择。

（2）使用方法

① 一对一图像：

a. 在"输入帧"的纵方向上输入要运算的图像序号。

b. 不知道图像情况时，可通过操作"状态窗"的"显示帧"进行确认。

c. 确定图像后，选择"算子"。

d. 指定"输出帧"序号。

e. 点击"运行"键，开始执行。

f. 操作"状态窗"的"显示帧"，确认运算结果。

② 多对多图像：

a. 选择"连续处理"。

b. 在"输入帧"处，输入图像范围。

c. 想固定某项输入帧时，选择该项的"帧固定"。

d. 指定"输出帧"的范围。

e. 点击"运行"键，开始执行。途中想终止执行时，点击"停止"键。

f. 操作"状态窗"的"显示帧"，确认运算结果。

（3）算术运算实践

读入 Badminton（羽毛球）视频，选择第 1 帧与第 2 帧之间的算术运算，运算结果输出到第 3 帧。图 9.2～图 9.5，分别显示了＋、－、×、/的运算结果，窗口上显示有不同运算的系数设定值。

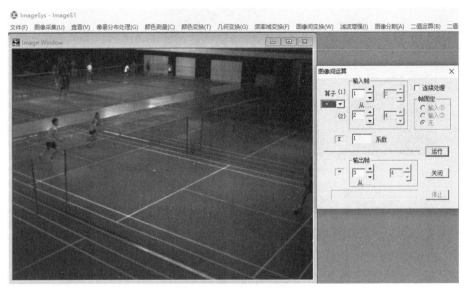

图 9.2　＋运算结果

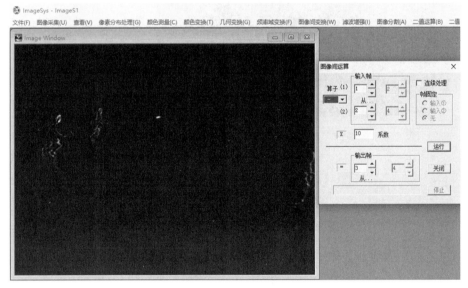

图 9.3　－运算结果

（4）逻辑运算实践

因为一般图像的逻辑运算结果不明显，在此制作两个黑白图像进行逻辑运算。制作步骤如下：

① 清除读入的图像。点击菜单中的"帧编辑"，打开"帧复制和清除"窗口，如图 9.6所示。选择"清除"—"连续方式"，输出帧设定从第 1 帧到最后一帧，然后点击"运行"，即可清除全部图像。

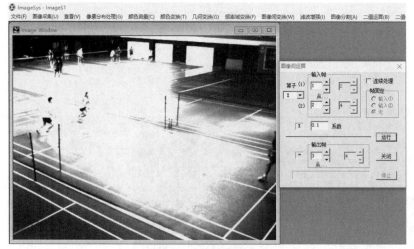

图 9.4 ×运算结果

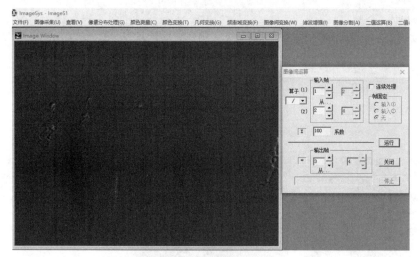

图 9.5 /运算结果

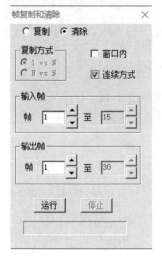

图 9.6 "帧复制和清除"窗口

② 在第 1 帧和第 2 帧上分别制作 2 个白色图像。点击菜单中的"画图"，打开"画图"窗口，分别在第 1 帧和第 2 帧上画个白色圆圈和矩形，如图 9.7 和图 9.8 所示。

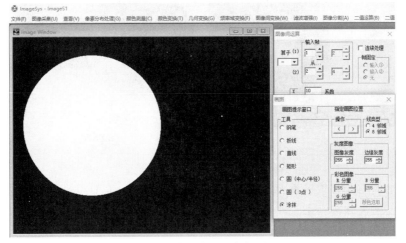

图 9.7　第 1 帧上画白色圆圈

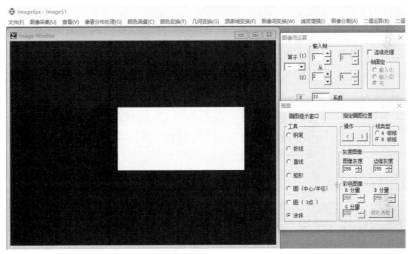

图 9.8　第 2 帧上画白色矩形

下面对第 1 帧和第 2 帧进行逻辑运算，运算结果输出到第 3 帧。图 9.9(a)、图 9.9(b)、图 9.9(c)、图 9.9(d)，分别显示了逻辑 AND、OR、XOR、XNOR 的运算结果。

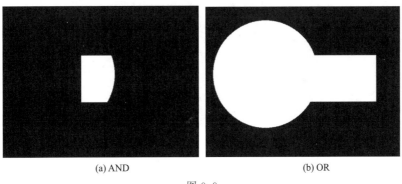

(a) AND　　　　　　　　　　　　　(b) OR

图 9.9

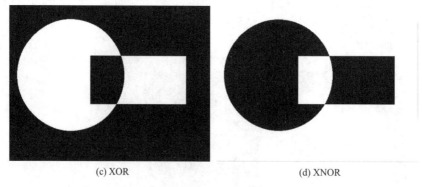

(c) XOR   (d) XNOR

图 9.9　逻辑运算结果

图像间运算是目标提取的重要手段之一，一般可以分为帧间差分和背景差分两种方式，以下分别利用工程实践项目来说明两种差分目标提取方式。

9.2　运动图像校正与实践

打开 ImageSys 软件，点击菜单中的"文件"—"多媒体文件"，打开"多媒体文件"窗口，读入 Badminton（羽毛球）视频。点击菜单中的"图像间变换"—"运动图像校正"，打开"运动图像校正"窗口，如图 9.10 所示。目前 ImageSys 的系统帧数设定是 30 帧，读入了 30 帧图像。ImageSys 的系统帧数可以通过系统设定窗口设定（参考 1.8.1 节"通用图像处理系统 ImageSys"），也可以在"状态窗"临时设定。

图 9.10　运动图像校正功能

（1）窗口功能说明

① 场变换：选择场变换。

② 模糊校正：选择模糊校正。选择"奇数"场或"偶数"场，然后将用该场的像素合成一帧图像。

③ 输入帧：设定变换（或校正）图像的序号。

④ 输出帧：设定变换（或校正）结果图像的序号。一幅图像将变换成两幅图像，设定起始序号后，终止序号自动计算。

⑤ 运行：执行变换（或校正）。

⑥ 停止：停止正在执行的变换（或校正）。

⑦ 关闭：关闭窗口。

（2）场变换

由摄像装置摄取的一幅图像是由奇数扫描场和偶数扫描场构成的，这里的场变换是将奇数扫描场和偶数扫描场分别构成一帧图像。

（3）模糊校正

矫正摄像时因扫描交错而产生的模糊。

9.3 工程应用案例

9.3.1 基于帧间差分的羽毛球检测

本研究的最终目标是开发一套基于图像识别的羽毛球运动实时采集分析系统，该系统能够在羽毛球的比赛和训练现场通过高速摄像机实时地采集图像到计算机，由计算机软件系统对图像进行实时分析处理，获得比赛和训练的统计数据，并且把获得的数据及时地显示出来供教练员和运动员参考，而且能够对分析处理的结果进行回放以供教练员对具体细节的分析研究。为了便于携带，本研究使用一个摄像头和一台手提电脑，通过对二维连续图像进行分析，来实现上述目的。

（1）视频图像采集

图像采集设备选用的是 BASLER A601f CMOS 摄像机。该摄像机的主要性能特征如下：数据输出端是 IEEE1394 接口，最大分辨率是 659 像素×493 像素，最大采集帧率是 60 帧/秒，图像类型是灰度图像。采集和处理设备使用的是手提电脑，CPU 为 Pentium 2.4GHz，内存容量为 256MB。实现程序是在北京富博科技有限公司的二维图像分析平台 MIAS 上，利用 Microsoft Visual C++开发实现的。

检测对象的参数如下：羽毛球长度：62～70mm；羽毛球顶端直径：58～68mm；羽毛球球拍托面直径：25～28mm；球场区域：13.4m×6.1m；球网高度：1.524m。

本研究要求能够拍摄到羽毛球场地的全景，而且为了满足测量精度，要求场地的周围和上方有一定的拍摄空间。摄像机与场地的距离是 5m，与地面的高度是 4m，摄像机与地面的角度是 45°左右。

本研究以 40 帧/秒的采样频率对羽毛球比赛进行了实时采样、分析和保存。

（2）场地标定

在进行图像分析处理之前，需要手动选取图像上羽毛球场地的几个特征点，特征点的选择如图 9.11(a) 所示的 8 个箭头位置，分别是球网的上下 4 个角的位置和球网下方场地的 4 个交叉点的位置。这些位置信息参数不仅是判断羽毛球类型的重要依据，同时也是界定处理范围、排除场外运动物体干扰的重要条件。图 9.11(b) 是实际场地标定后的图像。图 9.11(b) 上的 8 个数字表示点击获取的羽毛球场的 8 个特征点，白色框线表示根据 8 个特征点计算得到的羽毛球场的范围。

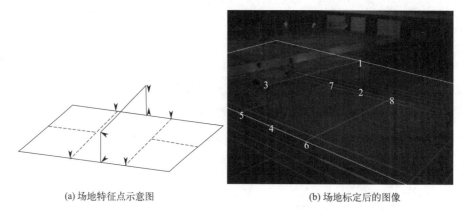

(a) 场地特征点示意图　　　　　　　　(b) 场地标定后的图像

图 9.11　羽毛球场地标定图

（3）运动目标提取

要跟踪识别羽毛球的运动轨迹，首先要从现场复杂的背景中提取出羽毛球目标，并对羽毛球目标进行定位，这是羽毛球轨迹跟踪分析中的重要一环。本研究采用序列图像中的前后相邻两帧图像相减来提取当前图像中的运动目标，然后通过设定阈值对差分图像进行二值化处理。图 9.12(c) 是图 9.12(a) 前帧与图 9.12(b) 后帧差分后的二值图像，阈值设定为 5。二值图像上的白色像素表示检测出来的羽毛球和运动员的运动部分。

(a) 前帧　　　　　　　　(b) 后帧　　　　　　　　(c) 两帧差分后的二值图像

图 9.12　帧间差分及二值化结果

（4）轨迹归类与连接

为了判别羽毛球的飞行方向和类型，本研究引进了方向数的概念。当一个轨迹上的点的坐标在水平方向是增大的时候，定义该轨迹的方向数为"＋"，在该方向上每增加一个轨迹点，方向数增加 1；当一个轨迹上的点的坐标在水平方向是减小的时候，定义该轨迹的方向数为"－"，在该方向上每增加一个轨迹点，方向数减 1。设定轨迹起始的方向数为零，当一个轨迹结束的时候，根据其方向数的正负及大小，即可判断该轨迹的运行方向和大致长短。

在进行羽毛球类型的分析统计时，需要得到的是双方运动员各自的统计数据。当判断出一个轨迹为羽毛球轨迹时，可以通过羽毛球轨迹上结束点处方向数的正负来判断羽毛球的方向。如果方向数为正，可以断定羽毛球是从图像的左边向右边运动，从而将该球类数据计入图像中左边运动员的数据统计中。如果方向数为负，可以断定羽毛球是从图像的右边向左边运动，该球类数据应计入图像中右边运动员的数据统计中。试验结果显示通过方向数来判断羽毛球运动轨迹的归属是正确的。而方向数的大小是判断羽毛球轨迹长短的因素之一。

对于上述差分后的二值图像，首先测算出图像上每个区域的轮廓数据，然后计算出每个区域的重心。将计算出的所有重心点的坐标存入一个链表之中，以便后续的轨迹匹配使用。

图 9.13 表示了二值图像上白色区域重心的计算结果。在球场网线上比较大的"＋"符号表示网线的中心。在左右两边运动员之上的两个较大的"＋"符号分别表示两边运动员的重心。每个白色区域块上的小"＋"表示其各自的重心。运动员的重心是由测量区域中的每个白色区域块的重心计算得来。为了直观地看到测量区域的情况，在二值图像上以白线标示出了测量区域的边界线。

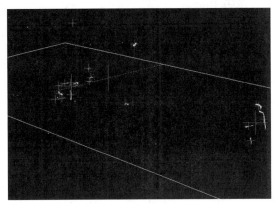

图 9.13　区域重心计算结果

（5）运动轨迹提取

① 记录点目标的运动轨迹

假设点目标的运动轨迹为 Tra，主要记录 Tra 在每帧图像上的如下信息：

a. Tra 在当前帧上的点目标 k 的位置（cx，cy）；

b. Tra 在当前帧上的点目标 k 与前一帧上的点目标 $k-1$ 的连线与 x 轴之间的夹角 Ang；

c. 点目标 k 与 $k-1$ 之间的距离 Len；

d. Tra 在当前帧上的方向数 Dir。

② 轨迹匹配连接

根据以上数据，将每一帧上白色区域的重心与前帧进行匹配连接，并将其信息记入与其匹配的轨迹的链表之中。如果所有轨迹点都不能匹配，那么将该点作为一个新轨迹的起始点，并将该点的信息记入一个新的轨迹链表之中。

图 9.14(a) 显示了多帧重心累加后的图像，后面从这些轨迹群中提取羽毛球运动轨迹。

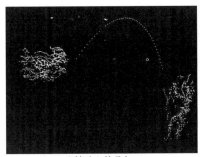
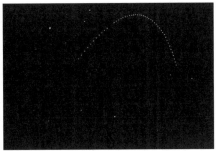

(a) 多帧重心的叠加　　　　　　　　(b) 一个连续的羽毛球运动轨迹

图 9.14　羽毛球轨迹提取结果

（6）羽毛球轨迹提取

对每个轨迹数据进行分析，如果可信度大于设定的阈值，则认为该轨迹是羽毛球的运动轨迹，进一步分析羽毛球的类型。判断出羽毛球的轨迹和类型后，消除所有轨迹数据，重新进行跟踪测量。图 9.14(b) 显示的是从图 9.14(a) 中提取出的羽毛球运动轨迹。

图 9.15 是开发的系统界面及处理实例，图像上空中的线是一段视频处理后的羽毛球运动轨迹总和。

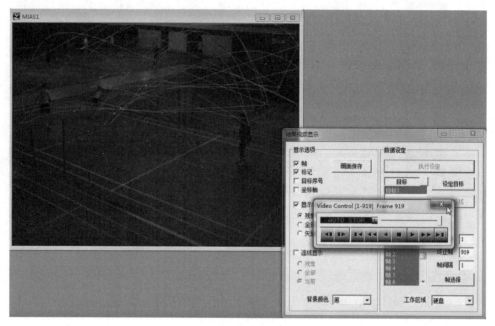

图 9.15　系统界面及羽毛球运动轨迹总和

9.3.2　基于背景差分的车流量检测

交通流量检测是智能交通系统（Intelligent Transportation System，ITS）中的一个重要课题。传统的交通流量信息的采集方法有地埋感应线圈法、超声波探测器法和红外线检测法等。这些方法的设备成本高、设立和维护也比较困难。随着计算机视觉技术的飞速发展，交通流量的视觉检测技术正以其安装简单、操作容易、维护方便等特点，逐渐取代传统的方法。本研究的目的是开发一种不受天气状况、阴影等影响的道路车流量图像检测算法。

（1）研究设备及图像采集

本研究所使用的硬件设备为：笔记本电脑，CPU 2.4GHz，256MB 内存，Windows XP 系统；SONY DCR-TRV18K 数字摄像机，34 万像素，设定图像大小为 640 像素×480 像素，NTSC 制式，图像采集帧率为 30 帧/秒。摄像机与计算机通过 IEEE1394 接口进行连接。实现程序是在北京富博科技有限公司的二维图像分析平台 MIAS 上，利用 Microsoft Visual C++开发实现的。

摄像机安装在距地面高约 6.6m 的过街天桥上，俯角约 60°。采集彩色图像，以其红色分量 R 为处理对象。图 9.16 是拍摄的实际场景图像。

（2）背景图像计算与更新

将采集的前 150 帧（5s 视频）图像作为初始
背景计算帧，利用中值滤波方法提取初始背景图
像。具体方法就是将每个像素的 150 帧像素值进行
排序，取中间像素值作为背景像素值。由于车道上
不能停车，正常情况下 5s 时间的视频图像中值应
该是没有车辆的背景像素。

为了适应天气的变化，可以设定几分钟间隔
（例如 5min）计算一次背景像素值，并进行更新。

（3）车辆区域提取

图 9.16　实际场景图像

将实时采集的图像与背景图像进行差分处理，
并进行二值化处理，即可获得车辆的二值图像。图 9.17 是一组背景差分的图像示例。其中，
图 9.17(a) 是公路的背景图像，图 9.17（b）是某一瞬间的现场图像，图 9.17(c) 是对图
9.17(a) 与图 9.17(b) 差分图像进行阈值分割和去除噪声处理的结果。阈值设定为背景图
像像素值的标准偏差。

(a) 背景图像　　　　　　　　　　(b) 实时图像　　　　　　　　　　(c) 车辆提取结果

图 9.17　基于背景差分的车辆提取

（4）车影去除

在提取车身的同时，与车身相连的车影也被提取出来，这对下一步的车辆区分处理造成
很大影响，所以必须去除车影。本研究提出一种基于阴影的灰度特征来去除阴影的算法。首
先确定阴影的分布位置。车辆区域边缘的平均灰度值，在向阳的一侧要高于有阴影的背阳一
侧（如图 9.18 所示）。从上到下、从左到右逐行扫描二值图像，遇到白色像素以后，将原图
像上的对应点及其右侧连续两个点的像素值加到左侧累加器中，然后在二值图像上进行换行
扫描。反复上述操作，直到将整幅图像扫描完毕。与此类似，从上到下、从右到左逐行扫描
二值图像，以获得记录右侧边缘像素累加值的右侧累加器的数据。左右累加器中，数值较小
的一侧即对应阴影分布的一侧。

在原图像中，同一水平线上阴影的灰度值从外侧向着车身逐渐减小，到车体边缘处达到
极小［如图 9.18(b) 的 $B1$ 点和 $B2$ 点所示］。因此在确定了车影的位置后，从阴影分布的
一侧向车内侧逐行扫描原图像，在每 10 个像素点组成的像素段内，若有 2/3 以上的像素点的
值大于它内侧邻点的值，则说明这段像素点对应阴影，在二值图像上将该段像素值都置 0。

（5）车辆区分和计数

要实现车辆计数，不仅要判断出一帧图像中出现的不同车辆，并且由于检测区域和车辆

(a) 原图像

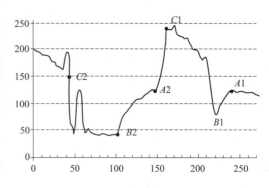

(b) 图 (a) 中水平线上灰度分布

图 9.18 车影灰度

是具有一定长度的物体，车辆通过时必然在连续数帧中都留下记录，要准确计数，就必须判断出连续帧上出现的车辆是否为相同的车辆，避免重复计数。

在差分后的二值图像中，一个车辆对应的像素应该聚集成一个较为紧密的团块。因为车辆一般垂直通过检测区域，在检测区域中，左右相邻的两辆车之间应该存在间隙，而连续通过的车辆在水平方向上也存在间隙，所以通过判断二值图像中的各个团块之间水平和垂直的间隙，可判断出各个不同的车辆区域，如图 9.19 所示。

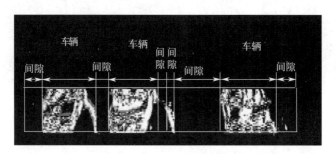

图 9.19　去影后二值图像

在现场实时计数调试的基础上，选取了有代表性的 10min 视频图像进行了具体分析。该段视频图像包括了少车、多车并行、前后连接紧密、有自行车和行人干扰、不同车型、不同车辆颜色等多种情况。在该段视频图像中，实际通过车辆为 220 辆，测量输出数目为 213 辆，正确率达到 97%，平均处理速率为 15 帧/s，符合实时计数要求。产生计数误差的原因是：由于大型车辆经过时，引起了摄像机振动，造成图像混乱。因此，在实际应用时，应该增强摄像头的抗振能力，同时需要进一步提高算法的鲁棒性。

 思考题

图像检测禁区人员闯入，用帧间差分或背景差分哪个比较好？为什么？

第 **10** 章

滤波增强

▶▶ 思维导图

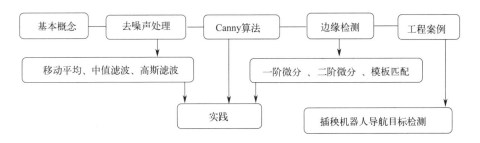

10.1 基本概念

（1）目标像素的 4 邻域与 8 邻域

在对像素处理时，设定要处理的像素为目标像素，假设该像素 p 的坐标是 (x, y)，那么它的 4 邻域坐标 N4 是：$(x, y-1)$、$(x-1, y)$、$(x+1, y)$、$(x, y+1)$，即图 10.1 (a) 中灰色的像素位置。那么它的 8 邻域坐标 N8 是：$(x-1, y-1)$、$(x, y-1)$、$(x+1, y-1)$、$(x-1, y)$、$(x+1, y)$、$(x-1, y+1)$、$(x, y+1)$、$(x+1, y+1)$，即图

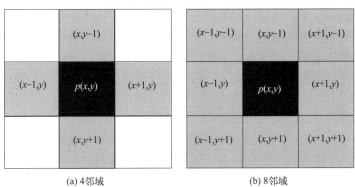

图 10.1 目标像素的 4 邻域与 8 邻域

10.1（b）中灰色的像素位置。

（2）滤波器（算子）

图像滤波是指去除不需要部分、保留需要部分的处理。例如，在光线不好的情况下拍照时，照片上会出现噪声点，通过滤波处理可以去除这些噪声点。这种用于滤波处理的模板就叫滤波器，也称作算子。滤波器通常是一个3×3的数据矩阵，也可以是5×5或其他大小的数据矩阵。

（3）卷积处理

卷积是一种移动运算数学方法，能够让目标图像实现滤波效果。在图10.2中，左边是一个3×3的算子，这个算子要和目标图像（输入图像）的像素值进行卷积，即与对应像素相乘后再求和。以目标图像左上角的3×3区域为例，设该像素矩阵卷积的计算结果为E，则计算过程如式（10.1）：

$$E=a\times a'+b\times b'+c\times c'+d\times d'+e\times e'+f\times f'+g\times g'+h\times h'+i\times i' \quad (10.1)$$

将计算结果作为对目标像素处理后的像素值，也就是将e'位置的像素值更新为E。为了不破坏原图像数据，处理结果E要放在一个新图像（输出图像）上。将算子向右移动一个像素（图中的黑色方框①），再次计算算子与①中对应像素的乘积和，更新目标矩阵中f'位置的像素值，接着再向右移动计算。当第一行全部计算完，进入下一行像素（图中的黑色方框②），更新目标矩阵中h'位置的像素值，继续向右移动计算。第二行计算完，再以此类推进入第三行……我们可以认为，将算子和相应像素相乘后再求和，当从上到下、从左到右地遍历完整个图像，就完成了对整幅图像的卷积运算。

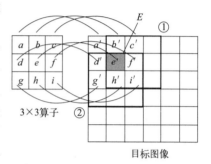

图10.2　卷积处理过程示意图

（4）图像噪声

图像噪声是图像在摄取或传输时所受的随机信号干扰，表现为图像信息或者像素亮度的随机变化。

噪声产生的原因主要有外部和内部两种，外部噪声是外部电气设备产生的电磁波干扰、天体放电产生的脉冲干扰，内部噪声是内部电路的相互干扰。一张图像通常会包含很多噪声。比较著名的噪声有如图10.3（a）所示的高斯噪声和如图10.3（b）所示的椒盐噪声。高斯噪声产生的原因一般是：图像在拍摄时不够明亮、亮度不够均匀，电路各元器件自身噪声和相互影响。这是一种随机噪声，服从高斯分布主要特点，表现为麻点。椒盐噪声又称为脉冲噪声，是由图像传感器、传输信道、解码处理等产生的黑白相间的亮暗点噪声。由于胡椒是黑色，盐是白色，这种随机出现的黑、白点，就像在图像上撒了一些胡椒和盐，故称为椒盐噪声。

（5）图像边缘

在图像处理中，边缘（Edge）（或称Contour，轮廓）不仅仅是指表示物体边界的线，还应该包括能够描绘图像特征的线要素，这些线要素就相当于素描画中的线条。当然，除了线条之外，颜色以及亮度也是图像的重要因素。但是日常所见到的表格、插图、肖像画、连环画等，很多是用描绘对象物体边缘线的方法来表现的，尽管有些单调，我们还是能够非常清楚地明白在那里画了一些什么。所以，似乎有点不可思议，简单的边缘线就能使我们理解

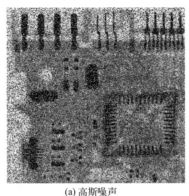 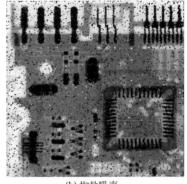

(a) 高斯噪声　　　　　　　　　(b) 椒盐噪声

图 10.3　高斯噪声和椒盐噪声

所要表述的物体。对于图像处理来说，边缘检测（Edge Detection）也是重要的基本操作之一。利用所提取的边缘可以识别出特定的物体、测量物体的面积及周长、求两幅图像的对应点等，边缘检测与提取的处理进而也可以作为更为复杂的图像识别、图像理解的关键预处理来使用。

　　由于图像中的物体与物体或者物体与背景之间的交界是边缘，因此图像的灰度及颜色急剧变化的地方可以看作边缘。由于自然图像中颜色的变化必定伴有灰度的变化，因此对于边缘检测，只要把焦点集中在灰度上就可以了。

10.2　去噪声处理

　　以下介绍几种常用的图像滤波（去噪声）处理方法。

10.2.1　移动平均

　　移动平均（Moving Average）法是最简单的消除噪声方法。如图 10.4 所示，是用某像素周围 3×3 像素范围的平均值置换该像素值的方法［式（10.2）］。它的原理是：通过使图像模糊，达到看不到细小噪声的目的。但是，这种方法是不管噪声还是边缘都一视同仁地模糊化，结果是噪声被消除的同时，目标图像也模糊了。

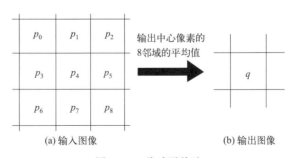

(a) 输入图像　　　　　　　　　(b) 输出图像

图 10.4　移动平均法

　　消除噪声最好的结果应该是：噪声被消除了，而边缘还完好地保留着。达到这种处理效果的最有名的方法是中值滤波（Median Filtering）。

$$q = \frac{p_0 + p_1 + p_2 + p_3 + p_4 + p_5 + p_6 + p_7 + p_8}{9} \tag{10.2}$$

10.2.2　中值滤波

图 10.5 展示了灰度图像使用中值滤波前后的像素灰度值关系。从输入图像图 10.5(a)看出，这些像素中，圆圈中的像素明显比周围其他像素灰度值大很多，可以认为是一个噪声像素点，如果将这个像素的灰度值赋值为和周围像素灰度值大小近似，则图中的噪声像素点就能够去除。将该点像素作为矩阵中心点，查看 3×3 邻域内（黑框线所围的范围）的 9 个像素的灰度值，按照从小到大的顺序排列如下：

2　　2　　3　　3　　④　　4　　4　　5　　10

这一系列数据的中间值（也称 Median，中值）应该是按照大小关系排序后，全部 9 个像素的中间像素（第 5 个像素）的灰度值：4。所以在中值滤波后，在输入图像图 10.5(a)中灰度为 10 的噪声像素点的值，在输出图像图 10.5(b) 中被替换为 4，噪声就被消除了。原因是：噪声像素点的灰度值与周围像素相比，灰度值差异很大，以这个像素点作为中心，将 3×3 像素矩阵中几个灰度值按大小排序时，噪声像素点灰度值将集中在左端（黑色噪声点）或右端（白色噪声点），不会排在最中间。

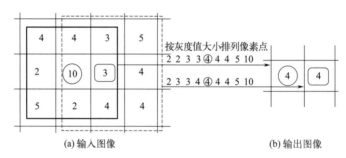

图 10.5　中值滤波

中值滤波器在 3×3 像素矩阵（黑色方框），能够将中间的像素灰度值从 10 改为 4，如果将滤波器在图中从上到下、从左到右遍历整个图像后，整个图像都完成了滤波。

下面探讨两个问题：

（1）图像的损害

如果将目前的输入图像滤波器向右移动一个像素，在新的 3×3 像素矩阵（虚线框）中，将输入图像中的 3 替换成了 4。实际上之前输入图像中的 3 不属于噪声，但是像素灰度值的改变对图像实际上造成了一定的损害，虽然在视觉上并不能看出来。

（2）图像的边缘部分依然保留

图 10.6(a) 是具有边缘的图像，一系列的像素 2 和像素 15 就形成了图像的边缘，求由 ○ 所围的像素，得到图 10.6(b) 的结果，可见边缘被完全地保存下来了。

在移动平均法中由于噪声成分被放入平均计算之中，所以输出受到了噪声的影响。但是在中值滤波中，由于噪声成分难以被选择上，所以几乎不会影响到输出。因此，用同样的 3×3 区域进行比较的话，中值滤波的去噪声能力会更胜一筹。

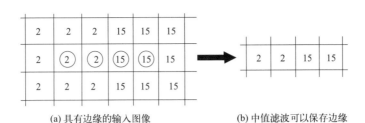

(a) 具有边缘的输入图像　　　　　　　(b) 中值滤波可以保存边缘

图 10.6　对具有边缘的图像进行中值滤波

图 10.7 表示了用中值滤波和移动平均法除去噪声的结果，在图 10.7(a) 原始图像中，能够看出图像有椒盐噪声，中值滤波后的效果如图 10.7(b) 所示，使用移动平均法后的效果如图 10.7(c) 所示。对比两种方法，可以很清楚地看出，中值滤波无论在消除噪声上还是在保存边缘上都是一个更加优秀的方法，但是中值滤波花费的计算时间是移动平均法的许多倍。

(a) 原始图像　　　　　　　　(b) 中值滤波　　　　　　　　(c) 移动平均法

图 10.7　中值滤波与移动平均法的比较

10.2.3　高斯滤波

高斯滤波器是根据高斯函数的形状来选择权值的线性平滑滤波器。高斯滤波器对去除服从正态分布的噪声有很好的效果。式(10.3) 和式(10.4) 分别是一维零均值高斯函数和二维零均值高斯函数公式。图 10.8(a)、(b) 分别是一维零均值高斯函数和二维零均值高斯函数的分布示意图。

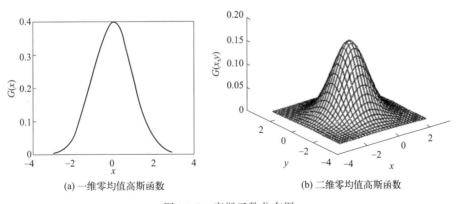

(a) 一维零均值高斯函数　　　　　　　　(b) 二维零均值高斯函数

图 10.8　高斯函数分布图

$$G(x) = \frac{1}{\sqrt{2\pi}\sigma} e^{-\frac{x^2}{2\sigma^2}} \tag{10.3}$$

$$G(x,y) = \frac{1}{2\pi\sigma^2} e^{-\frac{x^2+y^2}{2\sigma^2}} \tag{10.4}$$

其中，σ 是正态分布的标准偏差，决定了高斯函数的宽度。

高斯函数具有以下五个重要特性。

① 二维高斯函数具有旋转对称性，即高斯滤波器在各个方向上的平滑程度是相同的。一般来说，一幅图像的边缘方向是事先不知道的，因此，在滤波前无法确定一个方向上比另一方向上需要更多的平滑。旋转对称性意味着高斯滤波器在后续边缘检测中不会偏向任一方向。

② 高斯函数是单值函数。这表明，高斯滤波器用像素邻域的加权均值来代替该点的像素值，而每一邻域像素点权值是随该点与中心点的距离单调增减的。这一性质很重要，因为边缘是一种图像局部特征，如果平滑运算对离算子中心很远的像素点仍然有很大作用，则平滑运算会使图像失真。

③ 高斯函数的傅里叶变换频谱是单瓣的。这一性质说明高斯函数傅里叶变换等于高斯函数本身。图像常被不希望的高频信号（噪声和细纹理）所污染。而所希望的图像特征（如边缘），既含有低频分量，又含有高频分量。高斯函数傅里叶变换的单瓣意味着平滑图像不会被不需要的高频信号所污染，同时保留了大部分所需信号。

④ 高斯滤波器宽度（决定着平滑程度）由参数 σ 决定，而且 σ 和平滑程度的关系非常简单。σ 越大，高斯滤波器的频带就越宽，平滑程度就越好。通过调节参数 σ，可以有效地调节图像的平滑程度。σ 也被称为平滑尺度。

⑤ 由于高斯函数的可分离性，可以有效地实现较大尺寸高斯滤波器的滤波处理。二维高斯函数卷积可以分两步来进行：首先将图像与一维高斯函数进行卷积，然后将卷积结果与方向垂直的相同一维高斯函数卷积。因此，二维高斯滤波的计算量随滤波模板宽度呈线性增长而不是呈平方增长。

这些特性表明，高斯滤波器无论在空间域还是在频率域都是十分有效的低通滤波器，且在实际图像处理中得到了工程人员的有效使用。

对于图像处理来说，常用二维零均值离散高斯函数作平滑滤波器，在设计高斯滤波器时，为了计算方便，一般希望滤波器权值是整数。在模板的一个角点处取一个值，并选择一个 K 使该角点处值为 1。通过这个系数可以使滤波器整数化，由于整数化后的模板权值之和不等于 1，为了保证图像的均匀灰度区域不受影响，必须对滤波模板进行权值规范化。

以下是几个高斯滤波器模板。

$\sigma=1$，3×3 模板，如式(10.5)：

$$\frac{1}{16} \times \begin{bmatrix} 1 & 2 & 1 \\ 2 & 4 & 2 \\ 1 & 2 & 1 \end{bmatrix} \tag{10.5}$$

$\sigma=2$，5×5 模板，如式(10.6)：

$$\frac{1}{84} \times \begin{bmatrix} 1 & 2 & 3 & 2 & 1 \\ 2 & 5 & 6 & 5 & 2 \\ 3 & 6 & 8 & 6 & 3 \\ 2 & 5 & 6 & 5 & 2 \\ 1 & 2 & 3 & 2 & 1 \end{bmatrix} \tag{10.6}$$

$\sigma = 3$，7×7 模板，如式(10.7)：

$$\frac{1}{365} \times \begin{bmatrix} 1 & 2 & 4 & 5 & 4 & 2 & 1 \\ 2 & 6 & 9 & 11 & 9 & 6 & 2 \\ 4 & 9 & 15 & 18 & 15 & 9 & 4 \\ 5 & 11 & 18 & 21 & 18 & 11 & 5 \\ 4 & 9 & 15 & 18 & 15 & 9 & 4 \\ 2 & 6 & 9 & 11 & 9 & 6 & 2 \\ 1 & 2 & 4 & 5 & 4 & 2 & 1 \end{bmatrix} \tag{10.7}$$

在获得高斯滤波器模板后，对图像进行卷积即可获得平滑图像。

10.2.4　单模板滤波实践

去噪声处理可以理解为单模板滤波处理，将 ImageSys 的单模板滤波功能界面打开，实践处理操作。

（1）准备工作

按以下步骤进行操作：

① 打开 ImageSys 软件，在第 1 帧上读入一幅灰度图像。

② 点击菜单中的"滤波增强"—"单模板"，打开"单模板"窗口。

③ 点击菜单中的"像素分布处理"—"线剖面"，打开"线剖面"窗口，如图 10.9 所示摆放窗口。

④ 按住鼠标左键在图像上方画一条直线（可以是任意方向），直线上的像素分布图显示在线剖面图界面上。

⑤ 在"状态窗"上，点击出"原帧保留"。

通过以上操作，在"单模板"窗口上点击"运行"后，处理结果就输出在下一帧上，并显示在图像窗口，处理前的图像保持不变。可以通过"状态窗"切换显示处理前图像，看出所画直线上处理前与处理后图像上的像素值变化。

图 10.9 的图像窗口显示了第 1 帧上读入的原图像及线剖面图，后面的处理结果图及线剖面图可以与之比较，观察处理效果。

（2）功能与实践

滤波器类型：包括简单均值、加权均值、4 方向锐化、8 方向锐化、4 方向增强、8 方向增强、平滑增强、中值（滤波）、排序（滤波）、高斯滤波、用户自定义等选项。选择滤波器后，对应算子自动显示在下方窗口。

除数：自动计算除数，也可以变更。

文件："保存"或"打开"设定有滤波算子和除数的文件。

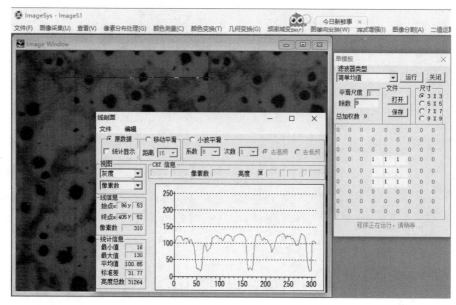

图 10.9　单模板及线剖面功能

尺寸：选择滤波算子的大小。默认为 3×3，共有 3×3、5×5、7×7、9×9 等选项。

下面分别对每个滤波器进行实践。尺寸选择 3×3，其他大小的尺寸可以自己设定实践。每次切换滤波器时，要在"状态窗"上选择显示第 1 帧，确保是对原图像的处理。

① 简单均值：图 10.10 是简单均值"运行"3 次的结果。

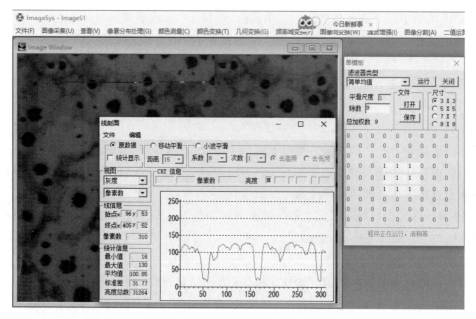

图 10.10　简单均值"运行"3 次结果

② 加权均值：图 10.11 是加权均值"运行"3 次的结果。

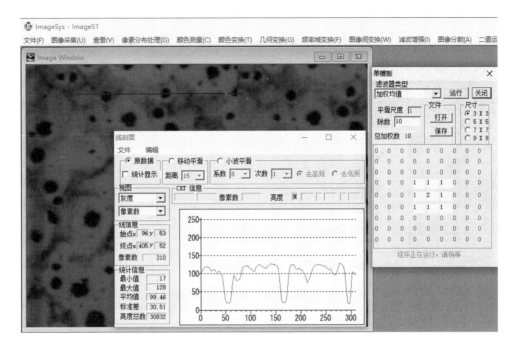

图 10.11　加权均值"运行"3 次结果

③4 方向锐化：图 10.12 是 4 方向锐化"运行"1 次结果。

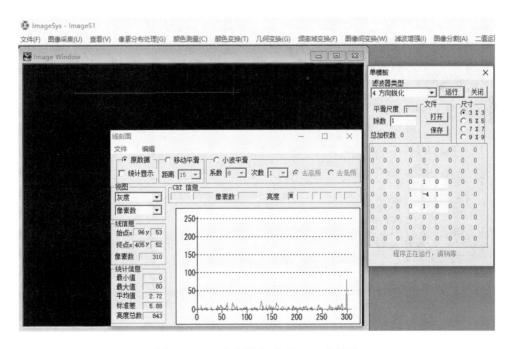

图 10.12　4 方向锐化"运行"1 次结果

④ 8 方向锐化：图 10.13 是 8 方向锐化"运行"1 次结果。
⑤ 4 方向增强：图 10.14 是 4 方向增强"运行"1 次结果。

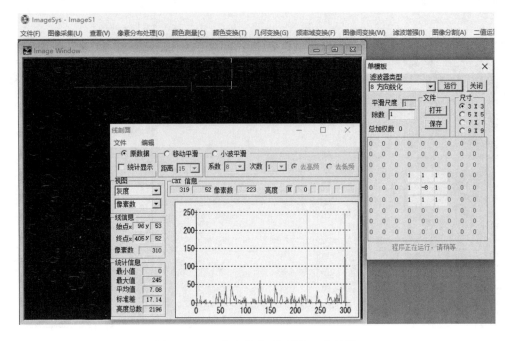

图 10.13　8 方向锐化"运行"1 次结果

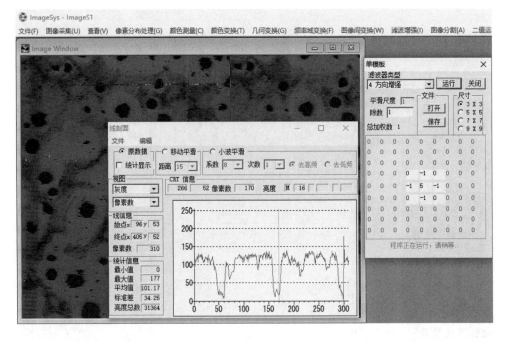

图 10.14　4 方向增强"运行"1 次结果

⑥ 8 方向增强：图 10.15 是 8 方向增强"运行"1 次结果。

⑦ 平滑增强：图 10.16 是平滑增强"运行"1 次结果。

注意：选择以上几种滤波器时，算子和除数的数据将自动在窗口显示。

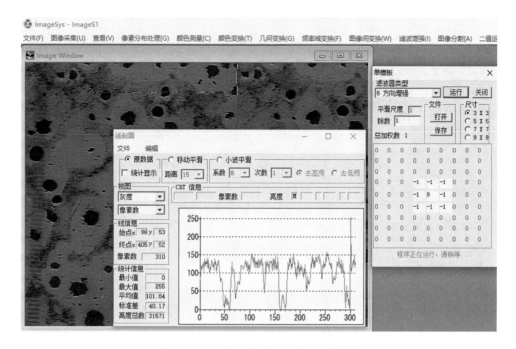

图 10.15　8 方向增强"运行"1 次结果

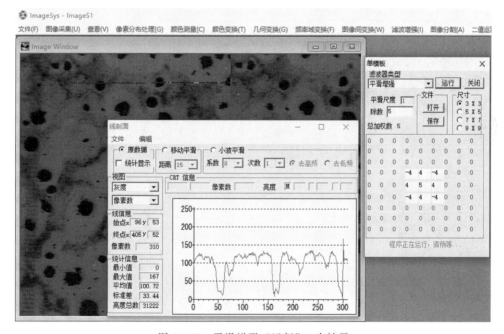

图 10.16　平滑增强"运行"1 次结果

⑧ 中值（滤波）：图 10.17 是中值"运行"1 次结果。

⑨ 排序（滤波）：将目标像素及其周围的像素按从小到大顺序排列，选择某位数作为目标像素的值。图 10.18 是排序"运行"1 次结果，"输出"选择了 1（最小值）。

⑩ 高斯滤波：图 10.19 是高斯滤波"运行"1 次结果。参数是自动生成的。

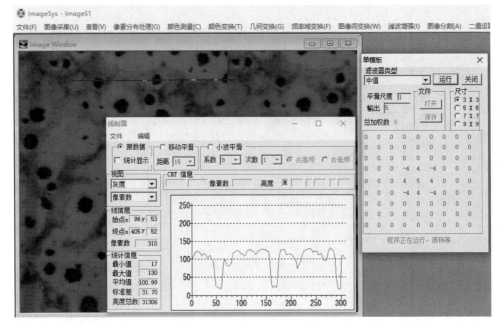

图 10.17 中值"运行"1 次结果

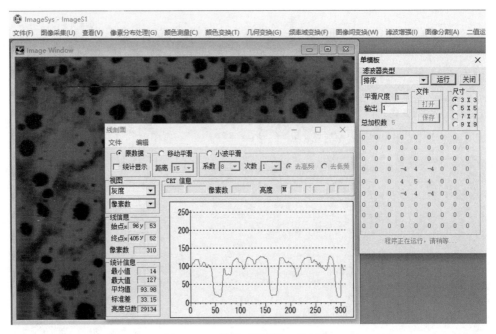

图 10.18 排序"运行"1 次结果

⑪ 用户自定义：自由设定滤波算子和除数的数据。滤波算子设定后，总加权数将自动显示在窗口的"总加权数"的位置。除数一般设定为总加权数。一般不用自定义方法，因为每个参数的设定，如果不进行多次实践验证，效果不能保证。因此，在此不做设定实践。

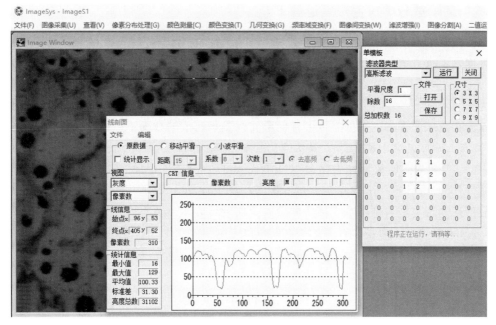

图 10.19　高斯滤波"运行"1 次结果

10.3　基于微分的边缘检测

由于边缘为图像中灰度值急剧变化的部分，而微分运算就是提取函数变化部分，所以刚好能够用于在图像中进行边缘的检测与提取。微分运算中有一阶微分（First Differential Calculus，也称 Gradient Operation，梯度运算）与二阶微分（Second Differential Calculus，也称 Laplacian Operation，拉普拉斯运算），都可以运用在边缘检测与提取中。

10.3.1　一阶微分（梯度运算）

作为坐标点 (x, y) 处的灰度倾斜度的一阶微分值，可以用具有大小和方向的向量 $G(x, y) = (f_x, f_y)$ 来表示。其中 f_x 为 x 方向的微分，f_y 为 y 方向的微分。

f_x、f_y 在数字图像中是用下式计算的：

$$\left. \begin{array}{l} f_x = f(x+1, y) - f(x, y) \\ f_y = f(x, y+1) - f(x, y) \end{array} \right\} \tag{10.8}$$

微分值 f_x、f_y 被求出的话，由以下的公式就能算出边缘的强度 G 与方向 θ。

$$G = \sqrt{f_x^2 + f_y^2} \tag{10.9}$$

$$\theta = \arctan(f_x / f_y) \tag{10.10}$$

边缘的方向是指其灰度变化由暗朝向亮的方向。可以说梯度算子更适于边缘（阶梯状灰度变化，也就是深浅变化）的检测。

10.3.2　二阶微分（拉普拉斯运算）

二阶微分 $L(x,y)$（被称为拉普拉斯运算）是对梯度再进行一次微分，只用于检测边缘的强度（不求方向），所以用于检测细线化的边缘，在数字图像中用式（10.11）表示：

$$L(x,y)=4\times f(x,y)-|f(x,y-1)+f(x,y+1)+f(x-1,y)+f(x+1,y)|$$

$$(10.11)$$

因为在数字图像中的数据是以一定间隔排列着，离散的数据不可能进行真正意义上的微分运算，所以如式（10.8）或式（10.11）那样的相邻像素间的差值运算实际上是差分（Differences），为方便起见称为微分（Differential）。用于进行像素间微分运算的系数组被称为微分算子（Differential Operator）。梯度运算中计算 f_x、f_y 的式（10.8），以及拉普拉斯运算的式（10.11），都是基于这些微分算子而进行的微分运算。这些微分算子如表 10.1、表 10.2 所示的那样，有多个种类。实际的微分运算，就是计算目标像素及其周围像素分别乘上微分算子对应数值矩阵系数的和，其计算结果被用作微分运算后目标像素的灰度值。扫描整幅图像，对每个像素都进行这样的微分运算，被称为卷积（Convolution）。

表 10.1　梯度运算的微分算子

模板类型	一般差分			Roberts 算子			Sobel 算子		
	0	0	0	0	0	0	−1	0	1
求 f_x 的模板	0	1	−1	0	1	0	−2	0	2
	0	0	0	0	0	−1	−1	0	1
	0	0	0	0	0	0	−1	−2	−1
求 f_y 的模板	0	1	0	0	0	1	0	0	0
	0	−1	0	0	−1	0	1	2	1

表 10.2　拉普拉斯运算的微分算子

项目	拉普拉斯算子 1			拉普拉斯算子 2			拉普拉斯算子 3		
	0	−1	0	−1	−1	−1	1	−2	1
模板	−1	4	−1	−1	8	−1	−2	4	−2
	0	−1	0	−1	−1	−1	1	−2	1

10.3.3　模板匹配

模板匹配（Template Matching）就是研究图像与模板（Template）的一致性（匹配程度）。为此，准备了几个表示边缘的标准模式，与图像的一部分进行比较，选取最相似的部分作为结果图像。如图 10.20 所示的 Prewitt 算子，共有对应于 8 个边缘方向的 8 种掩模（Mask）。图 10.21 说明了这些掩模与实际图像如何进行比较。与微分运算相同，目标像素及其周围（3×3 邻域）像素分别乘以对应掩模的系数值，然后对各个积求和。对 8 个掩模分别进行计算，其中计算结果中最大的掩模的方向即为边缘的方向，其计算结果即为边缘的强度。

另外，当目标对象的方向性已知时，如果使用模板匹配算子，就可以只选用方向性与目标对象相同的模板进行计算，这样可以在获得良好检测效果的同时，大大减少计算量。例

项目	掩模模式							
	M1	M2	M3	M4	M5	M6	M7	M8
	1 1 1	1 1 1	1 1 −1	1 −1 −1	−1 −1 −1	−1 −1 1	−1 1 1	1 1 1
	1 −2 1	1 −2 −1	1 −2 −1	1 −2 −1	1 −2 1	−1 −2 1	−1 −2 1	−1 −2 1
	−1 −1 −1	1 −1 −1	1 1 −1	1 1 1	1 1 1	1 1 1	−1 1 1	−1 −1 1
所对应的边缘								

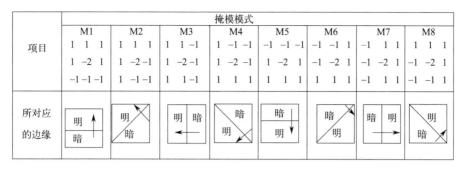

图 10.20　用于模板匹配的各个掩模模式（Prewitt 算子）

项目	掩模模式							
	M1	M2	M3	M4	M5	M6	M7	M8
结果	−100	100	260	300	100	−100	−300	−260

(对于当前像素的8邻域,计算各掩模的一致程度)

例如，掩模M1：1×100+1×0+1×0+1×100+(−2)×50+1×0+(−1)×100+(−1)×80+(−1)×20=−100

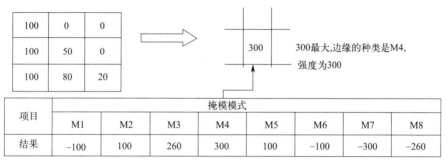

图 10.21　模板匹配的计算

如，在检测公路上的车道线时，由于车道线是垂直向前的，也就是说需要检测左右边缘，如果选用 Prewitt 算子，可以只计算检测左右边缘的 M3 和 M7，这样就可以使计算量减少到使用全部算子的 1/4。减少处理量，对于实时处理，具有非常重要的意义。

此外，在模板匹配中，经常使用的还有图 10.22 所示的 Kirsch 算子和图 10.23 所示的 Robinson 算子等。

M1	M2	M3	M4	M5	M6	M7	M8
5 5 5	−3 5 5	−3 −3 5	−3 −3 −3	−3 −3 −3	−3 −3 −3	5 −3 −3	5 5 −3
−3 0 −3	−3 0 5	−3 0 5	−3 0 5	−3 0 −3	5 0 −3	5 0 −3	5 0 −3
−3 −3 −3	−3 −3 −3	−3 −3 5	−3 5 5	5 5 5	5 5 −3	5 −3 −3	−3 −3 −3

图 10.22　Kirsch 算子

M1	M2	M3	M4	M5	M6	M7	M8
1 2 1	2 1 0	1 0 −1	0 −1 −2	−1 −2 −1	−2 −1 0	−1 0 1	0 1 2
0 0 0	1 0 −1	2 0 −2	1 0 −1	0 0 0	−1 0 1	−2 0 2	−1 0 1
−1 −2 −1	0 −1 −2	1 0 −1	2 1 0	1 2 1	0 1 2	−1 0 1	−2 −1 0

图 10.23　Robinson 算子

10.3.4　多模板滤波实践

滤波增强可以用于灰度图像和彩色图像处理，对于彩色图像，就是对 R、G、B 分量分别进行处理。本节以彩色图像为对象，进行处理实践。

（1）准备工作

按以下步骤进行操作：

① 打开 ImageSys 软件。

② 在"状态窗"上选择"彩色"，在第 1 帧上读入一幅彩色图像。

③ 点击菜单中的"滤波增强"—"多模板"，打开"多模板"窗口（即图 10.24 中的"多模板"窗口）。

④ 在"状态窗"上，点击出"原帧保留"。

通过以上操作，在"多模板"窗口上点击"执行"后，处理结果就输出在下一帧上，并显示在图像窗口，处理前的图像保持不变。可以通过"状态窗"切换显示处理前图像和处理后图像。

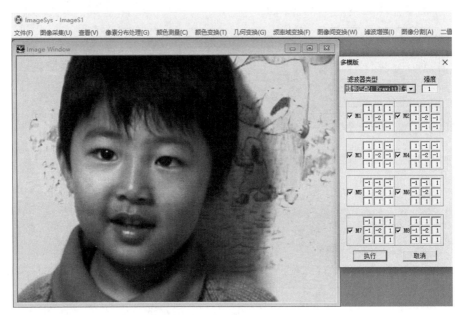

图 10.24　多模板滤波功能界面

（2）功能与实践

① 滤波器类型：

模板匹配：Prewitt 算子；

模板匹配：Kirsch 算子；

模板匹配：Robinson 算子；

梯度运算：一般差分；

梯度运算：Roberts 算子；

梯度运算：Sobel 算子；

拉普拉斯运算：算子 1；

拉普拉斯运算：算子 2；

拉普拉斯运算：算子 3；

拉普拉斯运算：用户自定义。

以上算子中，Prewitt 算子、Kirsch 算子、Robinson 算子是基于模板匹配的边缘检测与提取算子，它们各自有 9 个模板可供用户选择。一般差分、Roberts 算子、Sobel 算子以及 3 种拉普拉斯算子是基于微分的边缘检测与提取算子。用户选定滤波器种类后，对于基于模板匹配的算子，可同时选择其对应的多个模板，以达到最好效果，而对于基于拉普拉斯算子的运算则为单模板。当选定后，算子的数据会自动出现在对话框中。

② 强度：处理结果像素的乘数，默认为 1。如果处理结果图像较暗，可以设定强度数据大于 1，重新处理。

③ 执行：执行所选算子，默认设定是将结果输出到下一帧上。

④ 取消：关闭对话框。

下面分别对每个滤波器进行实践演示。选择滤波器，"执行"后，结果图像显示在第 2帧上。每次切换滤波器时，要在"状态窗"上选择显示第 1 帧，确保是对原图像的处理。

图 10.25 是不同微分算子的实践结果。其中，"一般差分""Roberts 算子""拉普拉斯运算：算子 1""拉普拉斯运算：算子 2"和"拉普拉斯运算：算子 3"的强度设定为 4，其他算子的强度都为 1。

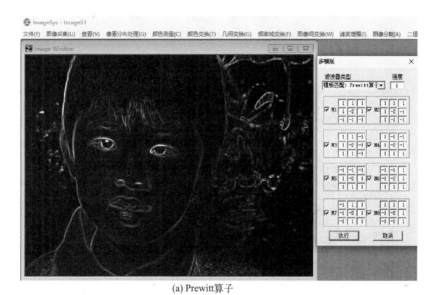

(a) Prewitt算子

(b) Kirsch算子

图 10.25

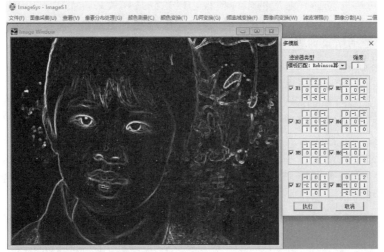

(c) Robinson算子

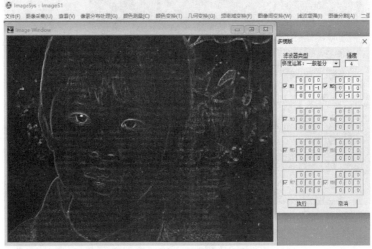

(d) 一般差分

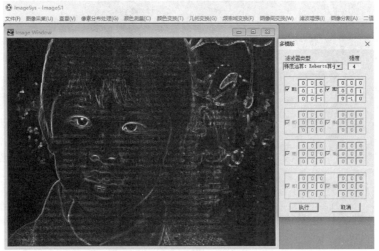

(e) Roberts算子

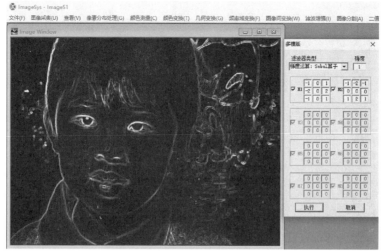

(f) Sobel算子

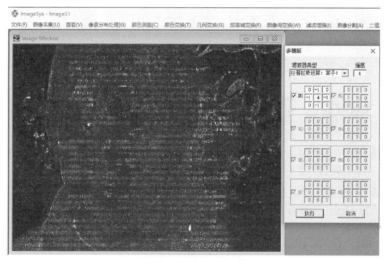

(g) 拉普拉斯运算：算子1

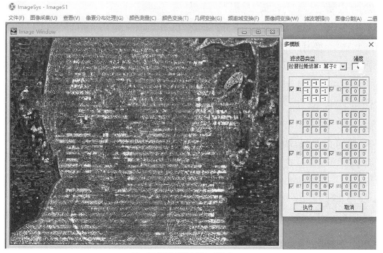

(h) 拉普拉斯运算：算子2

图 10.25

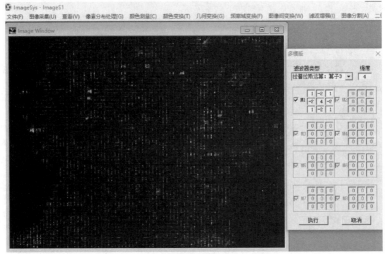

(i) 拉普拉斯运算：算子3

图 10.25 不同微分算子实践结果

10.4 Canny 算法及实践

Canny 算法是 John F. Canny 于 1986 年开发出来的一个多级边缘检测算法。虽然 Canny 算法年代久远，但可以说它是边缘检测的一种经典算法，被广泛使用。

① Canny 的目标是找到一个最优的边缘检测算法，其含义是：

a. 最优检测。算法能够尽可能多地标识出图像中的实际边缘，漏检真实边缘的概率和误检非边缘的概率都尽可能小。

b. 最优定位准则。检测到的边缘点的位置距离实际边缘点的位置最近，或者是噪声引起检测出的边缘偏离物体的真实边缘的程度最小。

c. 算子检测的边缘点与实际边缘点应该是一一对应的。

为了满足这些要求，Canny 使用了变分法（Calculus of Variations），这是一种寻找优化特定功能函数的方法，使用四个指数函数项表示，非常近似于高斯函数的一阶导数。

② Canny 算法可以分为以下 5 个步骤：

a. 应用高斯滤波来平滑图像，目的是去除噪声。

b. 找寻图像的强度梯度（Intensity Gradients）。

c. 应用非极大抑制（Non-Maximum Suppression）技术来消除边缘误检。

d. 应用双阈值的方法来决定可能的边缘。

e. 利用滞后技术来跟踪边缘。

以下打开 ImageSys 软件，读入一幅灰度图像，点击菜单中的"滤波增强"—"Canny 边缘检测"，分别说明各个步骤并进行实践。图 10.26 是读入的原图像和"Canny 边缘检测"功能界面。

（1）高斯平滑（去噪声）

去噪声处理是目标提取的重要步骤，Canny 算法的第一步是对原始数据与高斯滤波器（参考 10.2.3 节"高斯滤波"）做卷积，得到的平滑图像与原始图像相比有些轻微的模糊

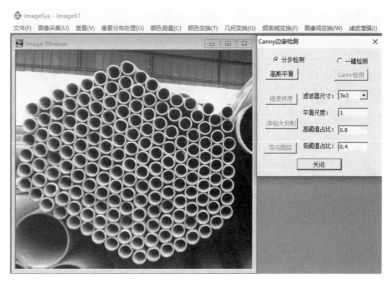

图 10.26　原图像及 Canny 边缘检测功能

（Blurred）。这样，单独的一个像素噪声在经过高斯平滑的图像上变得几乎没有影响。图 10.27 是用 3×3 高斯滤波器［式(10.5)］平滑的结果图像。

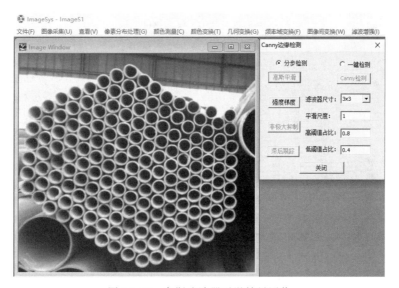

图 10.27　高斯滤波器平滑结果图像

（2）寻找图像中的强度梯度（梯度运算）

Canny 算法的基本思想是找寻一幅图像中灰度强度变化最强的位置，即梯度方向。平滑后的图像中每个像素点的梯度可以由 10.3.4 节的 Sobel 算子等获得。以 Sobel 算子为例，首先分别计算水平（x）和垂直（y）方向的梯度 f_x 和 f_y；然后利用式(10.9)来求得每一个像素点的梯度强度值 G。把平滑后图像中的每一个点用 G 代替，可以获得图 10.28 的梯度强度图像。从图 10.28 可以看出，在变化剧烈的地方（边界处）比较亮，也就是 G（像素值）较大。然而，由于这些边界通常非常粗，难以标定边界的真正位置，因此还必须存储梯度方向［式(10.10)］，进行非极大抑制处理。也就是说这一步需要存储两个数据：一个是梯度的强度信息，另一个是梯度的方向信息。

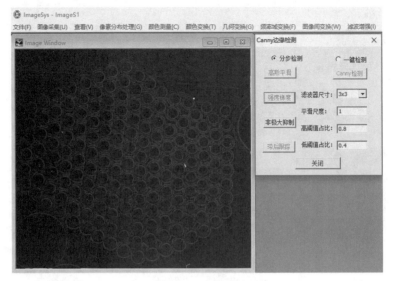

图 10.28　梯度强度图像

（3）非极大抑制（Non-Maximum Suppression）

这一步的目的是将模糊（Blurred）的边界变得清晰（Sharp）。通俗地讲，就是保留了每个像素点上梯度强度的极大值，而删掉其他的值。

以梯度强度图像为对象，对每个像素点进行如下操作：

① 将其梯度方向近似为 0°、45°、90°、135°、180°、225°、270°、315°中的一个，即上下左右和 45°方向；

② 比较该像素点和其梯度方向（正负）的像素值的大小；

③ 如果该像素点的像素值最大则保留，否则抑制（即置为 0）。

为了更好地解释这个概念，看图 10.29。

图中的数字代表了像素点的梯度强度，箭头方向代表了梯度方向。以第二排第三个像素点为例，由于梯度方向向上，则将这一点的强度（7）与其上下两个像素点的强度（5 和 4）比较，由于这一点强度最大，则保留。

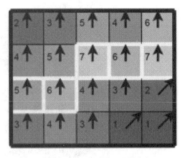

图 10.29　强度示意图

对图 10.28 进行非极大抑制处理结果如图 10.30 所示。

（4）双阈值（Double Thresholding）处理

经过非极大抑制后的图像中仍然有很多噪声点。Canny 算法中应用了一种叫双阈值的技术，即设定一个高阈值和低阈值，图像中的像素点的值如果大于高阈值则认为必然是边界（称为强边界，Strong Edge），将其像素值变为 255；小于低阈值则认为必然不是边界，将其像素值变为 0；两者之间的像素被认为是边界候选点（称为弱边界，Weak Edge），像素值不变。

高阈值和低阈值的设定，采用第 11 章介绍的 p 参数法，一般分别设定直方图下位（黑暗部分）80% 和 40% 的位置会获得较好的处理效果。也可以调整阈值的设定值，看看是否处理效果会更好。

在实际执行时，这一步只是通过比例计算出高阈值和低阈值的具体数值，并不改变图 10.28 的像素值。

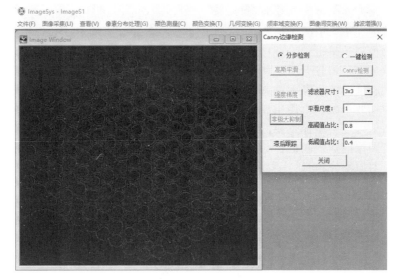

图 10.30　对图 10.28 进行非极大抑制处理结果

（5）滞后边界跟踪

对双阈值处理后的图像进行滞后边界跟踪处理，具体步骤如下：

① 同时扫描非极大抑制图像 I（图 10.30）和梯度强度图像 G（图 10.28）。当某像素点 p（x，y）的值在 I 图像不为 0，而在 G 图像上大于高阈值、小于 255 时，将 p（x，y）的值在 I 图像和 G 图像上都设为 255（白色），将该像素点设为 q（x，y），跟踪以 q（x，y）为开始点的轮廓线。

② 考察 q（x，y）在 I 图像和 G 图像的 8 邻近区域，如果某个 8 邻域像素点 s（x，y）的值在 I 图像大于 0，而在 G 图像上大于低阈值，则在 G 图像上设该像素点为白色，并将该像素点设为 q（x，y）。

③ 循环进行步骤②，直到没有符合条件的像素点为止。

④ 循环执行步骤①～③，直到扫描完整个图像为止。

⑤ 扫描 G 图像，将不为白色的像素点置 0。

至此，完成 Canny 算法的边缘检测，图 10.31 是处理结果。

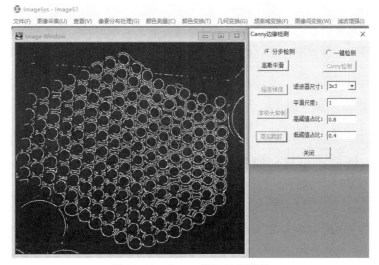

图 10.31　Canny 算法处理结果

Canny 算法包含许多可以调整的参数，它们将影响到算法的计算时间与实效。

高斯滤波器的大小：第一步所有的平滑滤波器将会直接影响 Canny 算法的结果。较小的滤波器产生的模糊效果也较少，这样就可以检测较小、变化明显的细线。较大的滤波器产生的模糊效果也较多，将较大的一块图像区域涂成一个特定点的颜色值。这样带来的结果就是对于检测较大、平滑的边缘更加有用，例如彩虹的边缘。

双阈值：使用两个阈值比使用一个阈值更加灵活，但是它还是有阈值存在的共性问题。设置的阈值过高，可能会漏掉重要信息；阈值过低，将会把枝节信息看得很重要。很难给出一个适用于所有图像的通用阈值，目前还没有一个经过验证的实现方法。

图 10.32 是对原图像执行"一键检测"的 Canny 检测结果。

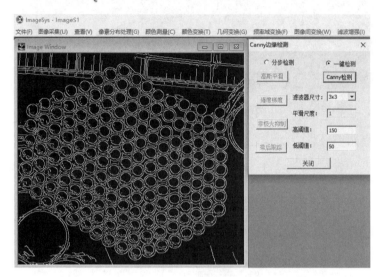

图 10.32　Canny 检测结果

10.5 工程应用案例——插秧机器人导航目标检测

本研究是针对插秧机器人的导航路线进行图像检测。设想插秧机器人的工作流程如下：刚下田时，插秧机器人沿着田埂自动行走作业；到田头后回转，沿着上次插过的秧苗列线直线行走；反复作业多次，当另一侧田埂进入视野时，检测插秧机器人到田埂的距离，判断本次作业后能否回转，如果不能回转，作业到田头后停止作业。图 10.33 是插秧机器人的工作示意图。

为此，本研究需要对以下导航目标进行图像检测：目标田埂、目标苗列、田端田埂、侧面田埂。本节只介绍每个导航目标与本章内容相关的微分处理情况。

10.5.1　目标田埂与目标苗列的微分处理

图 10.34 和图 10.35 分别是目标苗列和目标田埂的灰度原图像。

由于目标苗列和目标田埂方向都是竖直向上，选用了图 10.22 Kirsch 算子的竖直方向边缘检测模板 M3 和 M7 进行了微分处理。对微分图像再用直方图上位 5% 作为阈值的 p 参数法（参考 11.1.3 节）进行二值化处理。图 10.36 和图 10.37 是利用上述微分处理及二值化处理后的结果图像。

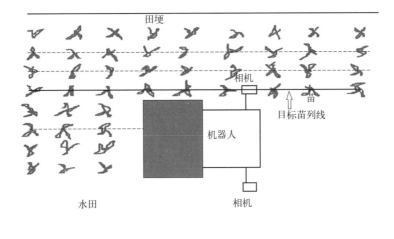

図 10.33　插秧机器人工作示意图

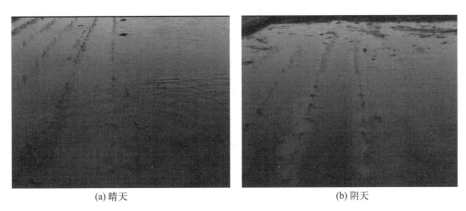

(a) 晴天　　　　　　　　　　　　(b) 阴天

图 10.34　目标苗列灰度原图像

(a) 水泥田埂　　　　　　　　　　(b) 土田埂

图 10.35　目标田埂灰度原图像

由图 10.36 可以看出苗和泥块被很好地检测出来了，并且不受天气情况影响。

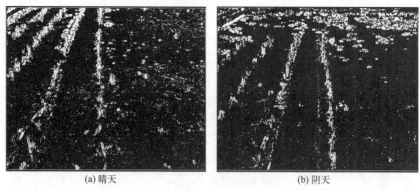

(a) 晴天   (b) 阴天

图 10.36   图 10.34 的微分及二值化处理结果

由图 10.37 可以看出，水面上的白色区域很少，田埂上的白色区域很多，土田埂的田埂线处（水与田埂的分界线）没有长连接成分，而水泥田埂线处有长连接成分。根据这个特点，可以对两种情况分别研究田埂线处像素的提取方法。

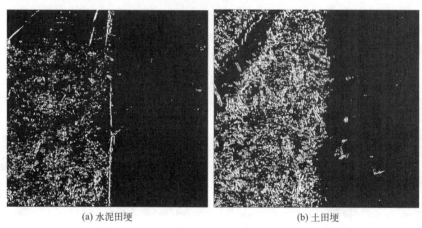

(a) 水泥田埂   (b) 土田埂

图 10.37   图 10.35 的微分及二值化处理结果

10.5.2　田端田埂的微分检测

图 10.38 是田端田埂的灰度原图像。田端田埂线在图像上是水平的，因此选用图 10.22

(a) 水泥田埂   (b) 土田埂

图 10.38   田端田埂灰度原图像

Kirsch 算子中检测水平边缘的 M1 和 M5 进行微分运算，对微分图像再用直方图上位 5％作为阈值的 p 参数法（参考 11.1.3 节）进行二值化处理。由于田端田埂处一般会有阴影，阴影的位置会随着太阳的方位和田埂的高度而变化，因此在检测田埂线之前需要首先检测出阴影的位置，然后再在阴影位置以上检测田端田埂线。

（1）田端阴影检测

由于阴影的亮度比水面暗，因此可以用检测下方亮、上方暗的 Kirsch 算子中的 M5 来检测阴影。图 10.39 是图 10.38 利用上述方法对中间 1/3 区域处理的二值图像。可以看出，无论是土质还是水泥的田端田埂，在阴影处的田埂线处都检测出了长连接成分。

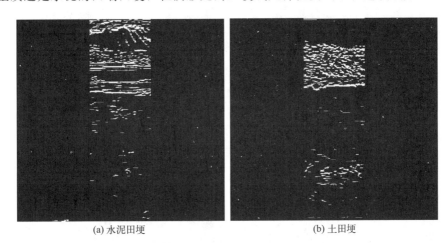

(a) 水泥田埂　　　　　　　　　　　　　　(b) 土田埂

图 10.39　图 10.38 的阴影检测二值图像

（2）田端田埂检测

由于在田端田埂与水面的交界处存在有水阴湿的痕迹，田埂上干燥部位比阴湿部位的亮度高，因此可以用检测下方暗、上方亮的 Kirsch 算子中的 M1 来检测田端田埂。图 10.40 是图 10.38 利用上述方法的二值化结果，在水面和田埂的交界处，检测出了密集的白色区域。

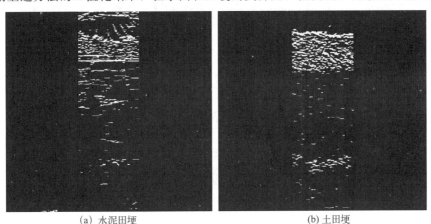

(a) 水泥田埂　　　　　　　　　　　　　　(b) 土田埂

图 10.40　图 10.38 的田埂检测二值图像

（3）侧面田埂的微分检测

图 10.41 是侧面田埂的灰度原图像。侧面田埂的微分检测，利用检测左上角或者右上角的 Kirsch 算子中的 M2 和 M8。对微分图像再用直方图上位 5％作为阈值的 p 参数法进行二值化处理。

(a) 水泥田埂   (b) 土田埂

图 10.41　侧面田埂灰度原图像

　　图 10.42 是图 10.41 利用上述微分处理及二值化处理后的结果图像。可以看出，水面上的白色区域很少，田埂上的白色区域很多，土田埂的田埂线处（水与田埂的分界线）没有长连接成分，而水泥田埂线处有长连接成分。根据这个特点，可以对两种情况分别研究田埂线处像素的提取方法。

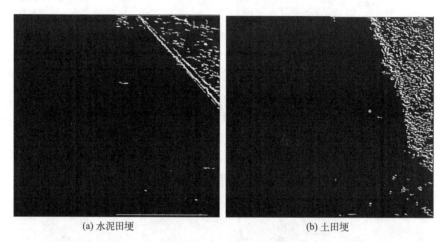

(a) 水泥田埂   (b) 土田埂

图 10.42　图 10.41 的侧面田埂检测二值图像

　　插秧机器人导航路线检测的后续处理，在后面的相关章节介绍。

 思考题

　　1. 对圆球进行边缘检测，用哪个模板的哪个方向的微分算子比较好？
　　2. 中值滤波为什么能去除掉图像上的小噪声？

第**11**章

图像分割

▶▶ **思维导图**

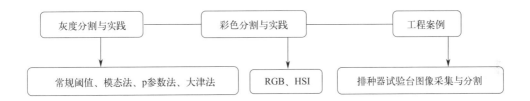

11.1 灰度分割与实践

首先，做如下准备工作：

① 打开 ImageSys 软件，点击菜单中的"文件"—"图像文件"，读入一幅灰度图像。

② 在"状态窗"上设定"原帧保留"，以便重复使用原图像。

③ 点击菜单中的"图像分割"，打开"图像分割"窗口。

图 11.1 是图像分割窗口的默认设置，图像上最浅色区域表示阈值分割后的目标区域，其他区域是分割后的背景区域。该图的原图像和直方图，可以参考第 4 章的图 4.2(a)。

图像分割窗口中间显示的是图像的直方图，其他功能在后面的处理中介绍。

11.1.1 常规阈值分割

二值化处理（Binarization）是把目标物从图像中提取出来的一种方法。二值化处理的方法有很多，最简单的一种叫作阈值处理（Thresholding），就是对于输入图像的各像素，当其灰度值在某设定值（称为阈值，Threshold）以上或以下，赋予对应的输出图像的像素为白色（255）或黑色（0）。可用式（11.1）或式（11.2）表示。

$$g(x,y)=\begin{cases}255 & f(x,y)\geqslant t\\ 0 & f(x,y)<t\end{cases} \tag{11.1}$$

$$g(x,y)=\begin{cases}255 & f(x,y)\leqslant t\\ 0 & f(x,y)>t\end{cases} \tag{11.2}$$

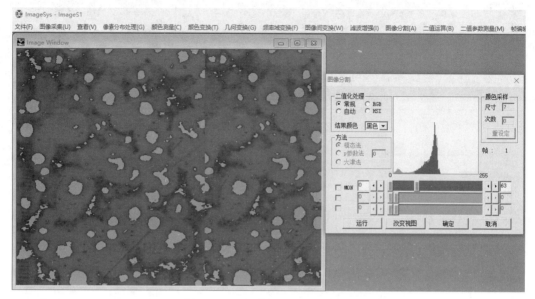

图 11.1　原图像与图像分割功能

式中，$f(x,y)$、$g(x,y)$分别是处理前和处理后的图像在（x，y）处像素的灰度值；t是阈值。

在图 11.1 上滑动第一个滑柄或者在后面输入框内直接输入数字，可以设定阈值。通过点击"改变视图"，可以查看分割效果；点击"运行"，图像窗口显示分割结果；点击"确定"，关闭窗口。

图 11.2 是设定阈值为"30"、结果颜色选择"黑色"的运行结果图像。

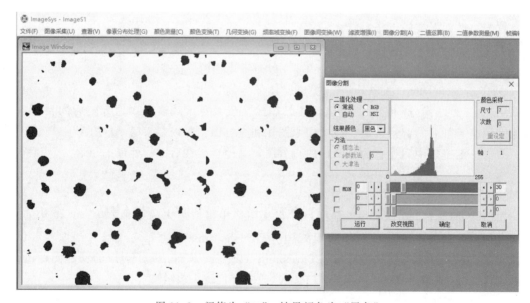

图 11.2　阈值为"30"、结果颜色为"黑色"

在"状态窗"上选择显示原图像，在"图像分割"窗口上设定阈值为"60"，结果颜色为"白色"，然后点击"运行"，结果如图 11.3 所示。

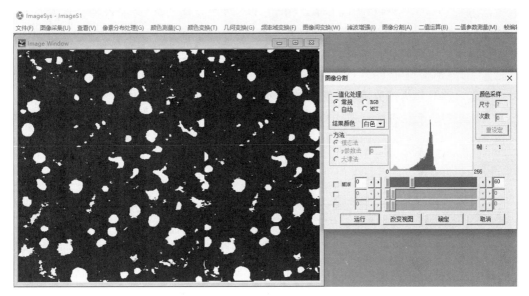

图 11.3 阈值为"60"、结果颜色为"白色"

根据图像情况，有时需要提取两个阈值（t_1、t_2）之间的部分，如式（11.3）所示。这种方法称为双阈值二值化处理。

$$g(x,y) = \begin{cases} 255 & t_1 \leqslant f(x,y) \leqslant t_2 \\ 0 & f(x,y) < t_1 \text{ 或 } f(x,y) > t_2 \end{cases} \tag{11.3}$$

在"状态窗"上选择显示原图像，在图像分割窗上设定阈值为 80～150，结果颜色为"白色"，然后点击"运行"，结果如图 11.4 所示。

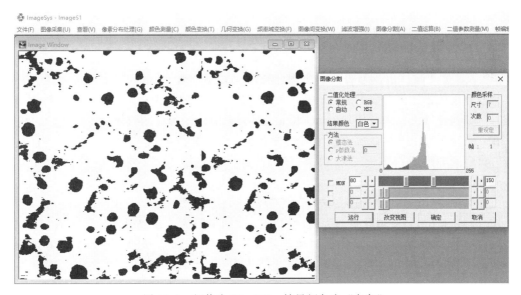

图 11.4 阈值为 80～150、结果颜色为"白色"

11.1.2 模态法自动分割

对于背景单一的图像，一般在直方图上有两个峰值：一个是背景的峰值（图 11.1 直方图右侧高峰），另一个是目标物的峰值（图 11.1 直方图左侧低峰）。对这种在直方图上具有明显双峰的图像，把阈值设在双峰之间的凹点，即可较好地提取出目标物。如果原图像的直方图凹凸不平，很难找到一个合适的凹点，可以在直方图上对邻域点进行平均化处理。

模态法（Mode Method）是通过计算机程序，自动分析直方图的分布，查找到两个峰值之间的凹点，将其作为阈值进行图像二值化处理的方法。

在"状态窗"上选择显示原图像。在分割窗口上，"二值化处理"选"自动"，"方法"选"模态法"，然后点击"运行"，可获得图 11.5 所示的模态法处理结果。自动计算的阈值是 45，直方图上的浅色右端正好处于两个峰的中间位置。

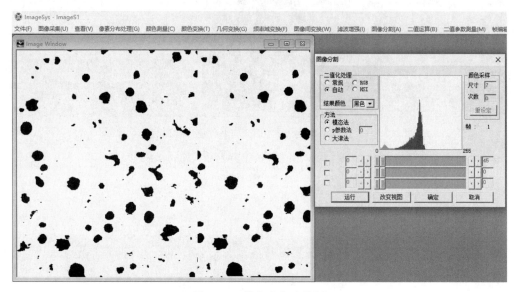

图 11.5　模态法自动分割

11.1.3　p 参数法自动分割

p 参数法是当物体占整个图像的比例已知时（如 $p\%$），在直方图上，暗灰度（或者亮灰度）一侧起的累计像素数占总像素数 $p\%$ 的地方作为阈值的方法。对于微分图像的二值化处理，一般设定阈值在亮度从高到低 5% 处，都能获得较好的分割效果。

在"状态窗"上选择显示原图像。点击菜单中的"滤波增强"—"多模板"，打开"多模板"窗口（即图 11.6 中的"多模板"窗口），然后点击"执行"，获得了图 11.6 所示的 Prewitt 算子微分图像。

下面对 Prewitt 算子微分图像进行 p 参数法二值化处理。

在分割窗口上，"二值化处理"选"自动"，"结果颜色"选"白色"，"方法"选"p 参数法"，设定 p 参数为 5。然后点击"运行"，可获得图 11.7 所示的 p 参数法二值化处理结果，效果比较理想。

11.1.4　大津法自动分割

大津（Otsu）法也叫最大类间方差法，是由日本学者大津于 1979 年提出的。它是按图像的灰度特性，将图像分成背景和目标两部分。背景和目标之间的类间方差越大，说明构成图像的两部分的差别越大。因此，使类间方差最大的分割意味着错分概率最小。大津法在各

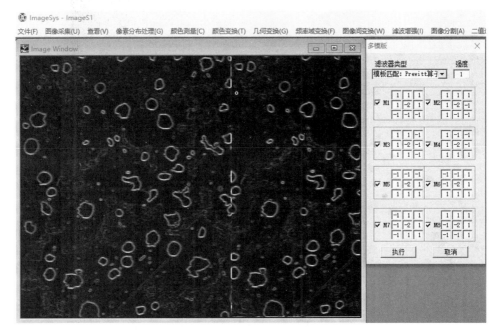

图 11.6　Prewitt 算子微分图像

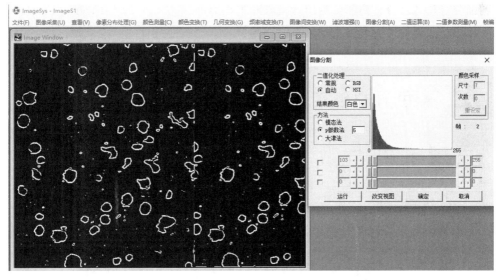

图 11.7　微分图像的 p 参数法二值化处理结果

种图像处理中得到了广泛的应用。

　　模态法和大津法都是寻找直方图两个峰之间的凹点,只是使用的方法不同。模态法是通过对直方图数据进行分析寻找凹点,大津法是通过对数据计算的方法来寻找凹点。

　　以最大方差决定阈值是一种自动选择阈值的方法,不需要人为地设定其他参数。但是实现比较复杂,是通过循环计算得到,所以运算量较大。

　　在“状态窗”上选择显示原图像,在分割窗口上,“二值化处理”选“自动”,“结果颜色”选“白色”,“方法”选“大津法”。然后点击“运行”,可获得如图 11.8 所示的大津法二值化处理结果,计算的阈值是 78,与模态法获得的结果相差不多。

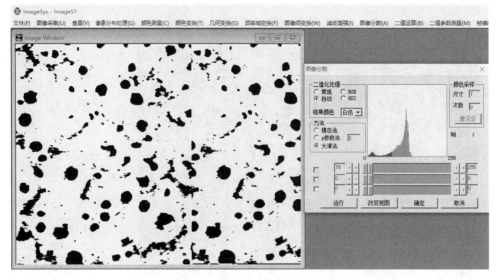

图 11.8　大津法二值化处理结果

在阈值确定方法中除了上述方法以外，还有判别分析法（Discriminant Analysis Method）、可变阈值法（Variable Thresholding Method）等。判别分析法是当直方图分成物体和背景两部分时，通过分析两部分的统计量来确定阈值的方法。可变阈值法在背景灰度多变的情况下使用，对图像的不同部位设置不同的阈值。

11.2　彩色分割与实践

在 ImageSys 的"状态窗"上选择"彩色"，点击菜单中的"文件"—"图像文件"，读入一幅彩色图像。如图 11.9 所示，"图像分割"窗口自动变为 RGB 模式。

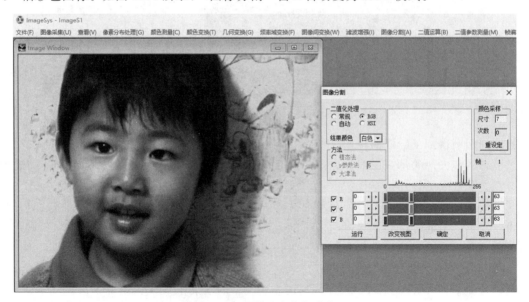

图 11.9　图像彩色分割功能

11.2.1　RGB 彩色分割

如图 11.9 所示，在"图像分割"窗口，"二值化处理"选"RGB"，中央显示了 R、G、B 的 3 个直方图，下方默认勾选了 R、G、B，也可以取消某个分量的勾选。R、G、B 的分割阈值，可以用对应的滑动手柄设定，也可以直接输入数字。

通过双击鼠标方式，可以自动设定各个分量的阈值。具体方法如下：

① 设定"颜色采样"的"尺寸"，默认为 7。其含义是在图像上双击鼠标时，以双击点为中心，获得 7×7 区域的像素最小值和最大值，分别设定为最小阈值和最大阈值。在不同位置双击多次时，获取多次双击区域范围内的像素最小值和最大值，将其设定为分割的最小阈值和最大阈值。双击次数自动显示在"次数"窗口。可以点击"重设定"，重新双击取样。

② 将鼠标移动到要提取颜色的位置，然后双击鼠标左键，可以在不同位置多点击几次，提高分割效果。

双击鼠标确定阈值后，选择"结果颜色"。通过点击"改变视图"，查看分割效果；点击"运行"，图像窗口显示分割结果；点击"确定"，关闭窗口。

图 11.10 是对图 11.9 通过 RGB 自动设置阈值的分割结果。其中，"结果颜色"选"黑色"，"颜色采样"中的"尺寸"默认 7，在图像上的红色区域不同位置双击鼠标 8 次。

扫码看彩图

图 11.10　RGB 红色分割效果

11.2.2　HSI 彩色分割

在"状态窗"上选择显示原图像。在"图像分割"窗口，"二值化处理"选"HSI"，在下方勾选 S 和 H，取消 I 的勾选，中央显示了 H 和 S 的直方图。

与 RGB 分割相同，"结果颜色"选"黑色"，"颜色采样"中的"尺寸"默认 7，在图像上的红色区域不同位置双击鼠标 8 次，分割结果如图 11.11 所示。可以看出，只用 H、S 分量的红色分割效果好于 RGB 分割。

扫码看彩图

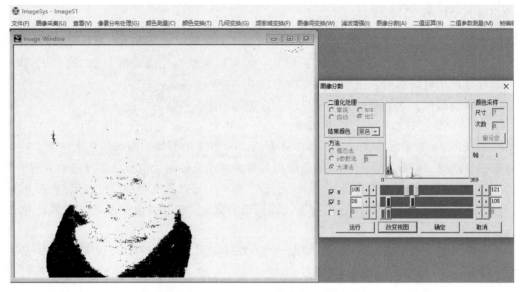

图 11.11　HS 红色分割效果

11.3　工程应用案例——排种器试验台图像采集与分割

　　播种质量是降低种子成本、提高粮食产量的关键因素之一，而影响播种质量的关键部件是排种器。但是由于在田间检测排种器性能参数，会受到很多客观因素的影响，其结果往往不能准确反映排种器的性能。因此，在实验室内进行试验成为检测排种器性能的主要方法。

　　实验室的检测，一般是将排种器固定安装在传输带的上方，排种器在排种的同时，传输带也同时移动，模仿在田间的排种功能。为了防止籽粒下落到传输带上时的跳动，一般要在传输带上涂抹黄油粘住落下的种子。传输带一般宽 0.5m、长十几米，排种一段距离后停止排种和传输带运动，然后人工检测传输带上的籽粒分布情况，以此来鉴定排种质量。人工检测主观性强，劳动强度大。若能实现自动化测量，不仅可大大降低人力投入和劳动强度，而且可以排除人为因素的测量误差，提供一个客观的排种器性能评价手段。

　　本研究的目标是基于机器视觉技术，实现排种器性能检测中的种子粒数、行距、穴距等基本参数的自动测量。

　　为了实现本研究的目标，需要将摄像机安装在传输带上排种器的后面，在排种器工作期间，录制传输带上籽粒的视频图像。在试验台停止工作后，通过图像处理与分析自动获得传输带上籽粒的分布情况，来代替人工检测工作。

11.3.1　机械结构及图像采集装置

　　机械装置包括台架、排种装置、传输装置、喷油装置等。机械装置的安装结构如图11.12 所示。

　　台架是试验台的机械主体，用于支撑试验台及安装其他机械装置。排种装置主要包括排

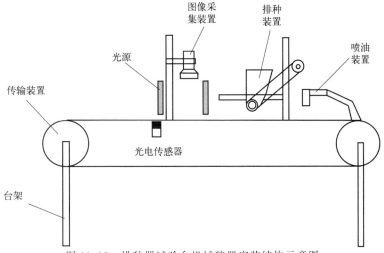

图 11.12　排种器试验台机械装置安装结构示意图

种器、排种电机、气泵、风机、测速传感器、升降机械装置和升降电机等。传输装置相对排种器匀速运动，运输所排种子，用以模拟田间排种器播种，由传送带和驱动电机组成。喷油装置包括喷油嘴、喷油管和油泵等。

在传送带一侧边缘上，每隔 20cm 均匀分布直径为 5mm 的触发孔。在台架上安装一个光电传感器，该传感器发射部分位于传送带下方，接收部分位于传送带上方，为图像采集装置提供触发信号。

11.3.2　图像采集与拼接

排种器安装在涂有黄油的黑色传送带上方，涂抹黄油的目的是防止种粒向下降落后弹起。传送带在驱动电机带动下相对排种器做水平运动，以此来模拟排种器的播种过程。排种器播出的籽粒掉落到传送带上并被粘着随传送带一起运动。在传送带上的触发孔为摄像机提供图像采集触发信号，实现图像的无缝连续采集，并将采集到的图像以视频文件方式保存于电脑硬盘。采集的图像数据格式为灰度，大小为 640 像素×480 像素。

为了便于测量分析，在图像处理前，先将视频图像的连续帧拼接成一幅完整的测量图像。由于拍摄图像的前一帧的末尾部分与后一帧的起始部分相邻，需要采用从后向前的顺序进行拼接。设定要拼接的视频帧的起点和终点，用鼠标在计算机屏幕上选择要处理的区域范围，并开辟新的内存空间用于保存拼接后的结果图像。将要拼接的在处理范围内的终点帧图像作为结果图像的起始部分，依次将其前面帧的在处理范围内的图像拼接到结果图像的后面，如图 11.13 所示。拼接完成后的结果图像就是要进行分析的测量图像。测量图像的左上角为原

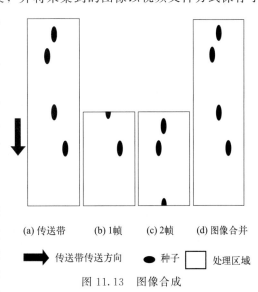

(a) 传送带　(b) 1帧　(c) 2帧　(d) 图像合并

➡ 传送带传送方向　● 种子　▯ 处理区域

图 11.13　图像合成

点位置，水平向右和垂直向下分别为横坐标（x）和纵坐标（y）的正方向。

以穴播为例，图 11.14 是从玉米穴播试验合成图像中截取的片段灰度图像（总共 10 帧），为方便浏览，将其逆时针旋转 90°，最右侧为起始帧，最左侧为第 10 帧。从图 11.14 可以看出，图像合成算法对试验的连续帧图像进行了有效合成；但由于涂有黄油的传送带上，不同区域对光照的反射不同，因此各帧之间有较明显的拼接痕迹，并且传送带背景上存在反光的白色区域。

图 11.14　合成图像中的片段

11.3.3　籽粒的二值化提取

采用大津法来自动获取阈值 K，对于背景噪声比较少的排种图像，其效果比较好。但是，如果传送带上存在较多的杂质籽粒或油污（统称噪声），而图像中籽粒又比较少（如穴播或精播）时，则效果较差。由于籽粒和噪声在图像上只占很小的比例，在直方图上看不出双峰特性，所以传统的自动阈值确定方法均不适用。通过研究分析，将灰度平均值的 2 倍作为分割阈值，无论对哪种图像都获得了很好的分割效果。这种阈值设置方法，可以认为是一种判别分析法。

图 11.15 是采用该方法对图 11.14 进行阈值分割的结果图像。从图 11.15 可以看出，经过二值化处理后，可以去除各帧之间的拼接痕迹，但还存在少许背景反光引起的噪声。

图 11.15　合成图像二值化

在实际操作中，可以通过设定处理窗口，仅保留中间排种区域，而且将低于 50 像素的白色区域作为噪声去除。图 11.16 为设定处理区域和去除噪声的处理结果。

图 11.16　合成图像处理结果

图 11.17(a)、（b）分别为小麦的条播和两行精播片段的处理结果。

(a) 条播　　　　　　　　　　　　　　　(b) 精播

图 11.17　小麦排种的提取结果

本节只介绍与本章内容相关的图像分割部分，后续处理在后面相关章节介绍。

 思考题

1. 对公路上白色和黄色车道线进行二值化提取，用 RGB 中哪个颜色分量和哪个自动二值化方法比较好？

2. 设计果树上黄色橘子的图像检测方案。

第 **12** 章

二值运算

▶▶ **思维导图**

12.1 基本运算

　　对二值图像进行处理。在 11.1.2 节"模态法自动分割"处理之后，关闭"图像分割"窗口，点击菜单中的"二值运算"—"基本运算"，打开"二值图像的基本运算"窗口，如图 12.1 所示。

图 12.1　二值图像的基本运算功能

处理项目有：去噪声、补洞、膨胀、腐蚀、排他膨胀、细线化、去毛刺、清除窗口和轮廓提取。选择项目后，确认参数设置，点击"运行"就可以处理。可以用鼠标设定处理区域，默认是处理整个图像。

下面分别设定局部区域，对每个处理项目进行说明。

（1）去噪声

这里的去噪声是指基于目标面积大小（像素数）的去噪声处理，也就是认为面积较小的像素点为噪声。在参数项设定一个像素数值，将其作为噪声阈值，也就是像素数小于该阈值的目标，认定为噪声。选择小于或大于该像素个数（阈值）的目标作为噪声去除，阈值可以根据需要设定。图 12.2(a) 为原图像，图 12.2(b) 为对原图像去除小于 50 像素数噪声后的结果图像。

（2）补洞

对目标上的空洞进行填补，空洞需要是封闭区间。对图 12.2(b) 补洞处理的结果如图 12.2(c) 所示。

(a) 原图像   (b) 图(a)去噪声   (c) 图(b)补洞

图 12.2　去噪声与补洞

（3）膨胀

图 12.1 上图像的目标像素是黑色像素，非目标像素是白色像素。按从上到下、从左到右顺序扫描处理区域，遇到一个非目标像素后，调查该像素周围 8 邻域（或者 4 邻域，一般选 8 邻域），如果其中有一个目标像素，就将该非目标像素变成目标像素。从上到下、从左到右遍历整个图像，直到对所有像素都这样处理完。这个处理就叫膨胀处理，简称膨胀。

图 12.3(a) 是原图像，图 12.3(b) 是对图 12.3(a) 膨胀一次的结果图像。

（4）腐蚀

腐蚀与膨胀的逻辑相反。顺序扫描处理区域，遇到一个目标像素，调查其周围 8 邻域，如果有一个非目标像素，就将该目标像素变成非目标像素。从上到下、从左到右遍历整个图像，直到对所有像素都这样处理完。这个处理就叫腐蚀处理，简称腐蚀。

图 12.3(c) 是对图 12.3(a) 原图像腐蚀一次的结果图像。

膨胀和腐蚀一般会联动使用，就是连续执行几次膨胀，然后再对结果连续执行几次腐蚀，这样可以达到去除小噪声和修复目标边缘的目的。膨胀和腐蚀可以通过试验找到合适的次数，处理图像时可以灵活使用。

另外，对白色像素的膨胀，就相当于对黑色像素的腐蚀，反之也成立。

（5）排他膨胀

"运行"一次，根据邻域设定膨胀一次，靠近其他对象物的部位不膨胀，称为排他膨胀。排他膨胀后目标区域的数量不变，可以用于修补图像，而不改变对象物数量。比如图 12.3(d) 是图 12.3(a) 经过多次排他膨胀，直到不能再排他膨胀时的结果，黑色区域数量和图

12.3(a) 一样（9 个）。一般需要膨胀多次才能达到这样的效果。

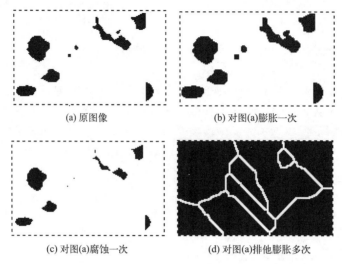

(a) 原图像

(b) 对图(a)膨胀一次

(c) 对图(a)腐蚀一次

(d) 对图(a)排他膨胀多次

图 12.3　膨胀与腐蚀

（6）细线化

细线化是对图像中的目标（黑色像素），一个像素一个像素地缩小目标轮廓，直到缩小为一个像素宽（细线）的"骨架"为止。当"细线化次数"为"0"时（默认的情况），表示执行到细线为止，此时目标轮廓已经只有一个像素的宽度了。

图 12.4(a) 是系统读入的二值图像，在"二值图像的基本运算"窗口选择"细线化"处理，点击"运行"，会弹出一个提示窗口。点击提示窗口上的"开始"后，开始细线化处理。完成处理后可在图像窗口看到处理结果，点击"确定"确定结果，点击"取消"恢复原图。在细线化处理的过程当中，如果在处理途中点击"停止"可中止处理，但是中止后，得到的不是最终一个像素宽度的结果。图 12.4(b) 是图 12.4(a) 细线化到一个像素宽的结果。

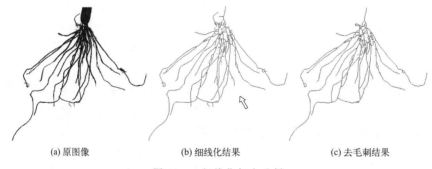

(a) 原图像

(b) 细线化结果

(c) 去毛刺结果

图 12.4　细线化与去毛刺

（7）去毛刺

细线化后图像可能不仅包含表示目标主要轮廓的"骨架"，也包含不能反映"骨架"的毛刺，此时为了得到准确的目标轮廓"骨架"，就需要对图像进行修正。一般毛刺都比较短，可以设定毛刺的长度（毛刺像素数）。图 12.4(c) 是图 12.4(b) 去掉小于 50 像素长度毛刺的结果。

（8）清除窗口

对于多个目标的图像，有时选取目标，不免会有目标落在窗口框上，为了准确获取窗口内目标的特性，需要清除窗口上压线的对象物。可以设定清除方向为：上、下、左、右。图12.5(b) 是对图 12.5(a) 清除窗口上压线对象物的结果。

（9）轮廓提取

提取对象物的轮廓线。在图 12.5(b) 中，目标像素是黑色像素，非目标像素是白色像素。从上到下、从左到右顺序扫描处理区域，遇到一个目标像素时，跟踪其轮廓线，然后继续扫描，直到遍历整个处理区域。图 12.5(c) 是对图 12.5(b) 提取目标轮廓线的结果。

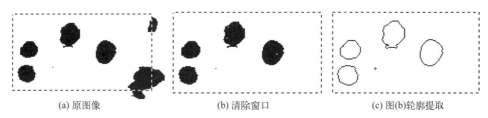

| (a) 原图像 | (b) 清除窗口 | (c) 图(b)轮廓提取 |

图 12.5　清除窗口与轮廓提取

12.2　参数提取

在 11.1.2 节"模态法自动分割"处理之后，关闭"图像分割"窗口，点击菜单中的"二值运算"—"特殊提取"，打开"参数提取窗口"，如图 12.6 所示。

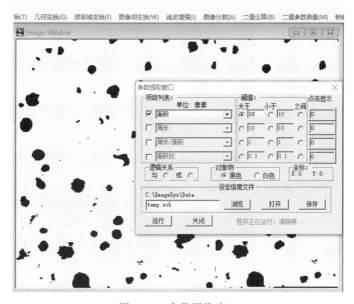

图 12.6　参数提取窗口

（1）界面功能说明

可选择对象物的 26 项几何数据，根据最多 4 个"与"或"或"的条件提取对象物。几何参数的测量原理在 13.1 节"几何参数测量"一节中介绍。

① 项目列表。最多可同时选择以下项目中的 4 项：面积，周长，周长/面积，面积比，

孔洞数，孔洞面积，圆形度，等价圆直径，重心（X），重心（Y），水平投影径，垂直投影径，投影径比，最大径，长径，短径，长径/短径，投影径起点 X，投影径起点 Y，投影径终点 X，投影径终点 Y，图形起点 X（扫描初接触点的 X 坐标），图形起点 Y（扫描初接触点的 Y 坐标），椭圆长轴，椭圆短轴，长轴/短轴。

② 阈值。用于设定各项的提取范围，可选择"大于""小于"和"之间"，含义分别为：设定数据大于阈值作为提取范围、设定数据小于阈值作为提取范围和设定数据在两阈值之间作为提取范围。

③ 点击显示。点击图像上的对象物后，该对象物的参数自动显示在所选项目对应的方框里。

④ 逻辑关系。选择两个项目以上时有效。表示提取对象物时所选项目之间的逻辑关系，可选择"与"或者"或"。

⑤ 对象物。选择要提取的"对象物"的像素颜色为"黑色"或者"白色"。

⑥ 坐标。显示在图像上点击鼠标的位置。

⑦ 设定信息文件。"保存"或"打开"设定的条件。可点击"浏览"去参考保存文件的位置。

（2）使用方法

① 由"状态窗"的"显示帧"选择要处理的二值图像。

② 如果利用以前设定的条件，可打开已有的文件（"浏览"—"打开"）。

③ 选择"黑色"或"白色"，指定对象物颜色。

④ 在"项目列表"中最多可选择 4 项。

⑤ 用鼠标点击图像上要提取的对象物，在"点击显示"窗口确认各项数据。

⑥ 参考 5 项显示数据，设定各项"阈值"。

⑦ 选择两项以上时，设定"逻辑关系"。

⑧ 运行。

⑨ 如果需要，可保存设定的条件（"浏览"—"保存"）。

⑩ "关闭"窗口。

（3）实践

图 12.7 是对图 12.6 二值图像的处理案例。参数提取窗口上显示，选取的项目：面积，

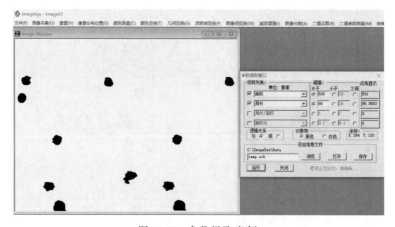

图 12.7　参数提取案例

周长；阈值：面积大于 500，周长大于 80；（鼠标）点击（参考目标）显示：面积 531，周长 85.3553；逻辑关系：与；对象物：黑色。

12.3 工程应用案例——插秧机器人导航目标去噪声

在 10.5"工程应用案例——插秧机器人导航目标检测"一节中，对插秧机器人导航目标的目标苗列、目标田埂、田端田埂和侧面田埂，利用不同方向的微分算子进行了微分处理，并利用 p 参数法进行了二值化处理。本节对上述二值图像进行去噪声处理。

12.3.1 苗列二值图像的去噪声

图 12.8(a) 是水田苗列的二值图像，图 12.8(b) 是对图 12.8(a) 将阈值设定为 50 像素白色区域去噪声后的结果图像，从图中可以看出，去噪声后获得了很好的效果，不仅减少了噪声的干扰，也没有影响苗列的主要走向趋势。所以面积去噪声与膨胀腐蚀相比，不会破坏区域间的连接性。

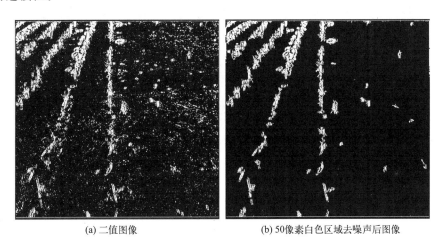

(a) 二值图像   (b) 50像素白色区域去噪声后图像

图 12.8　水田苗列的二值图像的去噪声处理

12.3.2 水泥田埂的去噪声

图 12.9 是水泥田埂的二值图像。其中图(a)、图(b)、图(c) 分别是目标田埂、田端田埂和侧面田埂的二值图像。为了减少处理量，对于目标田埂和田端田埂，分别设置处理窗口为图像的中间 1/3 区域。

从图 12.9 可以看出，在田埂与水面的交界处，都有个长的白色区域，这是由于水泥边缘成一条线，通过微分处理检测出了长连接成分。

通过检测每个白色区域的几何参数，将白色区域的像素值（255）变成区域长度数字。获得图像上最大长度的目标，如果最大长度大于 50 像素，则认为该图像是水泥田埂，否则被看作土田埂。

如果判断是水泥田埂，将长连接成分的两端分别延伸进行区域合并处理。所谓区域合并

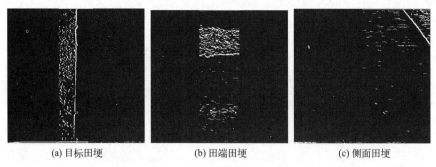

(a) 目标田埂   (b) 田端田埂   (c) 侧面田埂

图 12.9 水泥田埂二值图像

处理，就是将检测范围内的其他不为 0 的像素值设定为长连接成分的像素值。然后，将长连接成分像素值的像素提取出来，即可将田埂线处的目标像素提取出来。

图 12.10 是图 12.9 提取长连接成分的结果，其中图(a)、图(b)、图(c) 分别是目标田埂、田端田埂和侧面田埂的提取结果。可以看出，水泥田埂与水面边界处的白色像素被很好地提取了出来。

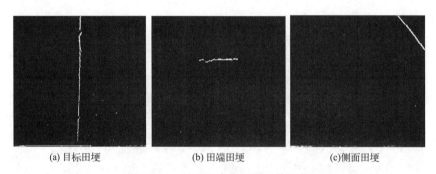

(a) 目标田埂   (b) 田端田埂   (c)侧面田埂

图 12.10 处理后水泥田埂二值图像

12.3.3 土田埂的去噪声

图 12.11 是土田埂的二值图像。其中图(a)、图(b)、图(c) 分别是目标田埂、田端田埂和侧面田埂的二值图像。为了减少处理量，对于目标田埂和田端田埂，分别设置处理窗口为图像的中间 1/3 区域。

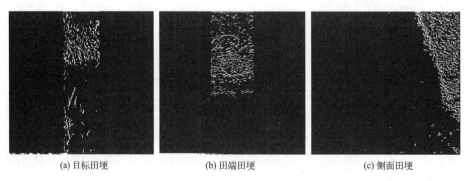

(a) 目标田埂   (b) 田端田埂   (c) 侧面田埂

图 12.11 土田埂二值图像

判断是土田埂（也就是没有长连接成分）时，利用下述方法提取田埂线处的像素。从上到下、从田埂到水面扫描图像，当遇到白像素时，以该像素为目标，在其前方设定 9 像素×40 像素的区域（图 12.12），搜查该区域内还有没有其他白像素。如果有，将目标像素变为黑像素；否则，保持目标像素不变。这样可以消除田埂上的白像素，只留下田埂线处的白像素。

图 12.13 是图 12.11 土田埂的二值图像经过上述处理后的结果，其中图(a)、图(b)、图(c) 分别是目标田埂、田端田埂和侧面田埂的处理结果。可以看出，田埂上的白像素被去除了，只留下了田埂线处的像素，而且田端上的白像素也都被去除了，由此可以判断出田端的位置。

提取出目标像素后，就可以用第 13 章的哈夫变换检测出目标直线，即识别出导航线。

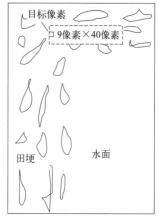

图 12.12　土田埂目标像素提取

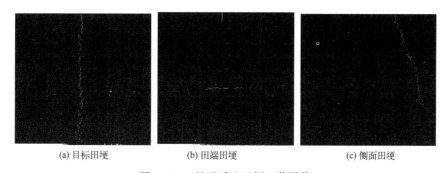

(a) 目标田埂　　　　(b) 田端田埂　　　　(c) 侧面田埂

图 12.13　处理后土田埂二值图像

 思考题

对二值图像进行去噪声处理，什么情况下用面积去噪声好？什么情况下用膨胀腐蚀去噪声好？

第13章

二值参数测量

▶▶ 思维导图

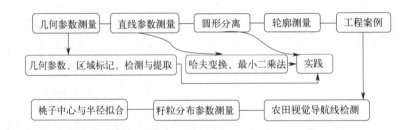

13.1 几何参数测量

通过计算机调查图像特征，能够对物体进行自动判别，例如自动售货机的钱币判别、工厂内通过摄像机自动判别产品质量、通过判别邮政编码自动分拣信件、基于指纹识别的电子钥匙，以及通过脸型识别来防范恐怖分子等等。其中，图像的特征（Feature）很大程度上是由图像的几何参数决定的。本节以二值图像为对象，通过调查物体的形状、大小等特征，介绍提取所需要的物体、除去不必要的噪声的方法。

所谓图像的特征，换句话说就是图像中包括具有何种特征的物体。如果想从图 13.1 中提取香蕉，该怎么办？对于计算机来说，它并不知道人们讲的香蕉为何物。人们只能通过所要提取物体的特征来指示计算机，例如，香蕉是细长的物体。也就是说，必须告诉计算机图像中物体的大小、形状等特征，指出诸如大的东西、圆的东西、有棱角的东西等。当然，这种指示依靠的是描述物体形状特征的参数。

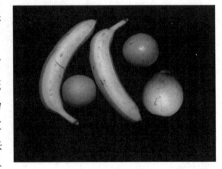

图 13.1　原始图像

13.1.1　图像的几何参数

每一幅图像都具有能够区别于其他类图像的自身特征，有些是可以直观感受到的自然特征，如亮度、边缘、纹理和色彩等；有些则是需要通过变换或处理才能得到的，如矩阵、直方图以及主成分等。通常，目标区域的几何参数主要有：周长、面积、最长轴、方位角、边界矩阵和形状系数等等。以下，说明几个有代表性的几何参数及计算方法。表 13.1 列出了几个图形以及相应的参数。

表 13.1　图形及其参数

项目	圆	正方形	正三角形
图像			
面积	πr^2	r^2	$\dfrac{\sqrt{3}}{4}r^2$
周长	$2\pi r$	$4r$	$3r$
圆形度	1.00	$\dfrac{\pi}{4}=0.79$	$\dfrac{\pi\sqrt{3}}{9}=0.60$

（1）面积（Area）

计算物体（或区域）中包含的像素数。

（2）周长（Perimeter）

物体（或区域）轮廓线的周长是指轮廓线上像素间距离之和。像素间距离有图 13.2(a)、(b) 两种情况。图 13.2(a) 表示并列的像素，当然并列方式可以是上、下、左、右 4 个方向，这种并列像素间的距离是 1 个像素。图 13.2(b) 表示的是倾斜方向连接的像素，倾斜方向也有左上角、左下角、右上角、右下角 4 个方向，这种倾斜方向像素间的距离是 $\sqrt{2}$ 像素。在进行周长测量时，需要根据像素间的连接方式，分别计算距离。图 13.2(c) 是一个周长的测量示例。

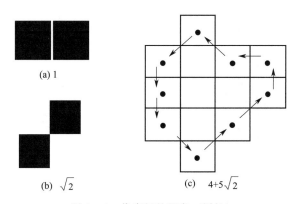

图 13.2　像素间的距离（周长）

（3）圆形度（Degree of Circularity）

圆形度是基于面积和周长而计算物体（或区域）的形状复杂程度的特征量。例如，可以考察一下圆和五角星。如果五角星的面积和圆的面积相等，那么它的周长一定比圆长。因此，可以考虑以下参数：

$$e = \frac{4\pi \times 面积}{(周长)^2} \tag{13.1}$$

式中，e 为圆形度。对于半径为 r 的圆来说，面积等于 πr^2，周长等于 $2\pi r$，所以圆形度 e 等于 1。由表 13.1 可以看出，形状越接近于圆，e 越大，最大为 1；形状越复杂，e 越小，e 的值在 0 和 1 之间。

（4）重心（Center of Gravity 或 Centroid）

重心就是求物体（或区域）中像素坐标的平均值。例如，某白色像素的坐标为 (x_i, y_i)（$i = 0, 1, 2, \cdots, n-1$），其重心坐标 (x_0, y_0) 可由下式求得：

$$(x_0, y_0) = \left(\frac{1}{n} \sum_{i=0}^{n-1} x_i, \frac{1}{n} \sum_{i=0}^{n-1} y_i \right) \tag{13.2}$$

除了上面的参数以外，还有长度、宽度、长宽比等许多几何参数，这里就不一一介绍了。

13.1.2 区域标记

图 13.3 是图 13.1 的图像经过二值化处理的图像。为了将香蕉提取出来，必须将每一个物体区分开来。为了区分每个物体，必须调查像素是否连接在一起，这样的处理称为区域标记（Labeling）。

区域标记是指给连接在一起的像素（称为连接成分）附上相同的标记，不同的连接成分附上不同的标记的处理。区域标记在二值图像处理中，占有非常重要的地位。图 13.4 显示了区域标记后的图像，通过该处理将各个连接成分区分开来，然后就可以调查各个连接成分的形状特征。

图 13.3　图 13.1 的二值图像　　　　　　图 13.4　区域标记后图像

13.1.3 几何参数检测与提取

通过以上处理，完成了从图 13.1 中提取香蕉的准备工作。调查各个物体特征的步骤如图 13.5 所示，处理结果显示在表 13.2 中。

图 13.5 　调查物体特征的步骤

表 13.2　各个物体的几何参数　　　　　　　　　　　　　　　　　单位：像素

物体序号	面积	周长	圆形度	重心位置
0	21718	894.63	0.3410	(307,209)
1	22308	928.82	0.3249	(154,188)
2	9460	367.85	0.8785	(401,136)
3	14152	495.14	0.7454	(470,274)
4	8570	352.98	0.8644	(206,260)

由表 13.2 可知，圆形度小的物体有两个，可能就是香蕉。如果要提取香蕉，按照图 13.5 的步骤进行处理，然后再把具有某种圆形度的连接成分提取出来即可。

13.1.4　实践

在 11.1.2 节"模态法自动分割"处理之后，打开"二值图像的基本运算"窗口，进行像素数小于 50 的去噪声处理。然后，点击菜单中的"二值参数测量"—"几何参数测量"，打开"二值图像测量"窗口，如图 13.6 所示。

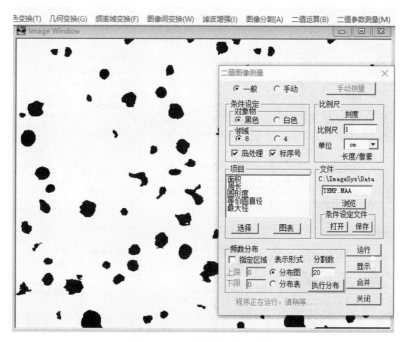

图 13.6　二值图像测量功能

一般自动参数测量共有 49 个项目，手动测量可测量两点间距离、连续距离、3 点间角度、两线间夹角等。

13.1.4.1　一般自动参数测量

（1）窗口项目说明

① 一般：选择一般自动参数测量。

② 条件设定：

a. 对象物：要测量的对象物的颜色，可选择黑色或白色。

b. 邻域：选择像素的连接状态，可选择 8 邻域（默认值）或 4 邻域。

c. 岛处理：选择是否进行岛处理。岛处理时，"岛"被作为单独的一个对象物；非岛处理时，"岛"与其外侧的对象物作为一体进行处理。

d. 标序号：选择处理结果上是否标序号。

③ 比例尺：设定比例尺。点击"刻度"后出现图 13.7 "标定"窗口。

a. 在图像上移动鼠标到刻度的起点，按下左键移动鼠标到刻度的终点后放开，鼠标移动的像素数自动显示在窗口（"图像"）。

b. 输入"实际"距离。

图 13.7　"标定"窗口

c. 选择"单位"。

d. 点击"确定"，比例尺设定完毕。

④ 项目：

a. 选择：点击后显示图 13.8 "测量选项窗口"。

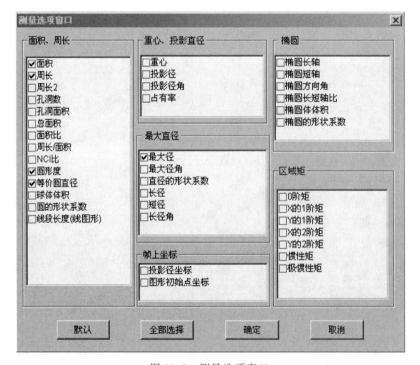

图 13.8　测量选项窗口

共有 39 个可选择项目（实际测量项目为 49 个），点击各个项目左侧的方框，方框内打上对号即表示该项目被选择。

窗口上各按键说明：

● 默认：默认项目的选择。

● 全部选择：所有项目的选择。

● 取消：关闭窗口，选择的项目无效。

● 确定：关闭窗口，选择的项目有效。

b. 图表：选择一项测量项目后点击该键，将自动显示该项目的测量结果，并且自动做成数据文件（*.dgt）。

⑤ 文件：分为测量数据文件和条件设定文件两种。

a. 测量数据文件：可输入文件名，可"浏览"文件名。测量数据文件同时保存有文字文件（*.MAA 或*.maa）和二值文件（*.MAB 或*.mab）两种。文字文件可以用"写字板"读出，也可以用"Microsoft Excel"读出后作分布图等。

b. 条件设定文件："保存"或"打开"包括测量条件、比例尺、测量项目等的文件。

⑥ 频数分布：表示测量结果的频数分布情况。

频数分布的使用方法：

a. 选择"项目"。

b. 选择"表示形式"：

● 分布图：打开分布图窗口菜单中的"文件"后可以打印分布图，打开菜单中的"编辑"后可以复制分布图，复制的分布图可以粘贴到其他文件上。

● 分布表：打开分布表窗口菜单中的"文件"后可以打开、保存或打印数据。

c. 设定"分割数"。

d. 可以选择"指定区域"，然后设定"上限"和"下限"。

e. "执行分布"。

⑦ 运行：开始参数测量。

⑧ 显示：显示测量结果。

⑨ 合并：对多个处理结果文件进行合并。

⑩ 关闭：关闭测量窗口。

（2）实践

对图 13.6 的二值图像，按"二值图像测量"窗口的默认设定，点击"运行"，执行结果如图 13.9 所示，图像上处理目标变成了灰色，按扫描顺序标注了处理目标的序号。

点击"显示"，如图 13.10 所示，弹出"表示测算结果"窗口，按目标序号显示选择项目的测量结果及统计数据，可以点击"表示测算结果"窗口上的"文件"进行保存。

图 13.11 是点击"执行分布"后，项目"面积"的"频率分布图"，其左侧下方显示了统计数据：分割数，最大值，最小值，平均值，标准差，总和；左侧上方显示了鼠标所指图形位置的数据。如果选择"分布表"则显示分布数据的文档。图表可以打印和复制。可以选择其他项目，查看其分布图或分布表。

13.1.4.2 手动测量

手动测量，用于测量鼠标指定的距离、角度等，不仅适用于二值图像，也可以用于灰度图像和彩色图像，下面边实践边说明。

读入灰度图像，对于图 13.6，选择"手动"，点击"手动测量"，弹出如图 13.12 所示的"手动测量"窗口。

（1）窗口项目说明

① 文件：打开、保存、打印测量结果。

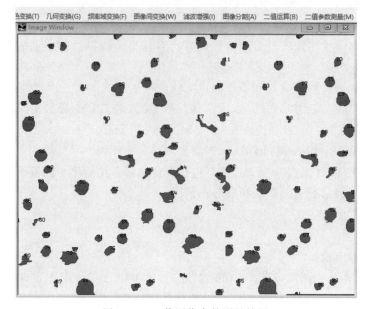

图 13.9　二值图像参数测量结果

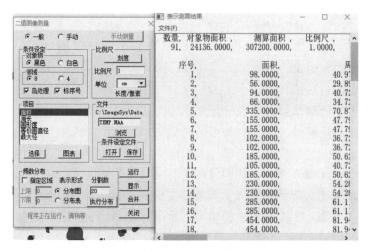

图 13.10　显示测量结果

② 取消：删除最后一项测量结果。

③ 清除：清除所有测量结果。

④ 标记。

a. 保留：选择后，保留测量标记；否则，测量下个项目时，消除上个项目的痕迹。

b. 灰度：设定标记的灰度。

⑤ 测量项目。

a. 两点间距离。在图像上先后点击两点，将在两点间自动画出直线，在后一点处标出测量序号，测量结果显示在窗口上。

b. 连续测量两点间距离。右击鼠标，停止测量。

c. 3 点间的角度。点击 3 个点后，再点击要测量的角度，自动显示角度和测量序号，测

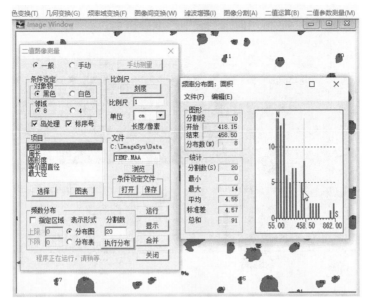

图 13.11　查看项目（面积）的分布图

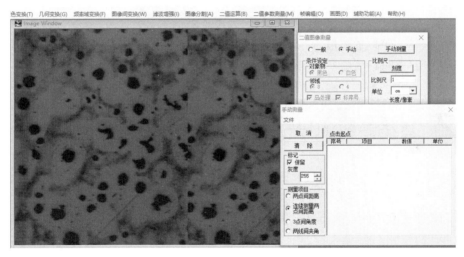

图 13.12　手动测量功能

量结果显示在窗口上。

　　d. 两线间夹角。分别点击两条线的起点和终点，然后点击要测量的角度，自动显示两条线和测量序号，测量结果显示在窗口上。

　　⑥ 结果显示窗口。自动显示测量结果。测量角度时，括弧内显示出弧度值。可以点击"取消"逐次消除测量结果，也可以点击"清除"完全消除测量结果。

　　注意：测量时窗口上方显示有下一步操作的提示。

　　（2）实践

　　选择测量项目，然后鼠标在图像上点击目标点，即可进行相应测量。在数据窗口上方提示下一步操作，例如，图 13.13 上选择项目是"两线间夹角"，数据窗口上方提示"点击起点 1"。

图 13.13 图像上的 1，2、3，4，5 数字及对应的白线，分别是测量项目"两点间距离""连续测量两点间距离""3 点间的角度"和"两线间的夹角"的测量痕迹。

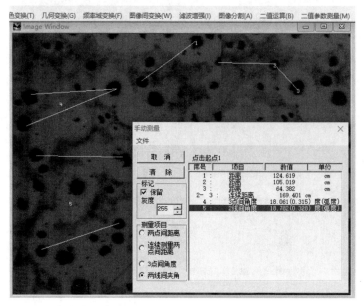

图 13.13　手动测量实例

执行"取消"，可以取消最新一个测量结果。

执行"清除"，可以清除所有测量结果。

13.2　直线参数测量

直线是大多数物体边缘形状最常见的表现形式，直线检测（参数测量）是图像处理的一项重要内容。哈夫（Hough）变换和最小二乘法是实现直线检测的常用方法。以下分别介绍哈夫变换和最小二乘法的直线检测方法。

13.2.1　哈夫变换

（1）传统哈夫变换的直线检测

保罗·哈夫于 1962 年提出哈夫变换法，并申请了专利。该方法将图像空间中的检测问题转换到参数空间，通过在参数空间里进行简单的累加统计完成检测任务，并用大多数边界点满足的某种参数形式来描述图像的区域边界曲线。这种方法对于被噪声干扰或间断区域边界的图像具有良好的容错性。哈夫变换最初主要应用于检测图像空间中的直线，最早的直线检测是在两个笛卡儿坐标系之间进行的，这给检测斜率无穷大的直线带来了困难。1972 年，杜达（Duda）将变换形式进行了转化，将数据空间中的点变换为参数 ρ-θ（ρ 为原点到直线的垂直距离，θ 为 ρ 与 x 轴的夹角）空间中的曲线，改善了其检测直线的性能。该方法被不断地研究和发展，得到了非常广泛的应用，已经成为模式识别的一种重要工具。

直线的方程可以用式(13.3)来表示。

$$y = kx + b \qquad (13.3)$$

式中，k 和 b 分别是斜率和截距。过 x-y 平面上的某一点 (x_0, y_0) 的所有直线的参数都满足方程 $y_0 = kx_0 + b$。即过 x-y 平面上点 (x_0, y_0) 的一族直线在参数 k-b 平面上对应于一条直线。

由于式(13.3)形式的直线方程无法表示 $x = c$（c 为常数）形式的直线（这时候直线的斜率为无穷大），所以在实际应用中，一般采用式(13.4)的极坐标参数方程的形式。

$$\rho = x\cos\theta + y\sin\theta \qquad (13.4)$$

哈夫变换对偶关系示意图如图 13.14 所示。

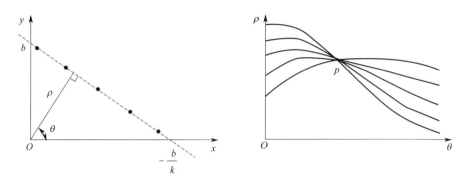

图 13.14　哈夫变换对偶关系示意图

根据图 13.14，直线上不同的点在参数空间中被变换为一族相交于 p 点的正弦曲线，因此可以通过检测参数空间中的局部最大值 p 点，来实现 x-y 坐标系中直线的检测。参数累加器阵列的峰值就是表征一条直线的参数。哈夫变换的这种基本策略还可以推广到平面曲线的检测。

传统哈夫变换是一种全局性的检测方法，具有极佳的抗干扰能力，可以很好地抑制数据点集中存在的干扰，同时还可以将数据点集拟合成多条直线。但是，哈夫变换的精度不容易控制，因此，不适合用于对拟合直线的精度要求较高的实际问题。同时，它所要求的巨大计算量使它的处理速度很慢，从而限制了它在实时性要求很高的领域的应用。

（2）过已知点哈夫变换的直线检测

传统哈夫变换直线检测方法是一种穷尽式搜索，计算量和空间复杂度都很高，很难在实时性要求较高的领域内应用。为了解决这一问题，多年来许多学者致力于哈夫变换算法的高速化研究。例如将随机过程、模糊理论等与哈夫变换相结合，或者将分层迭代、级联的思想引入哈夫变换过程中，大大提高了哈夫变换的效率。本节以过已知点的改进哈夫变换的方法为例，介绍一种直线的快速检测方法。

过已知点的改进哈夫变换的方法，是在哈夫变换基本原理的基础上，将逐点向整个参数空间的投票转化为仅向一个已知点参数空间投票的快速直线检测方法。其基本思想是：首先找到属于直线上的一个点，将这个已知点 p_0 的坐标定义为 (x_0, y_0)，将通过 p_0 的直线斜率定义为 m，则坐标和斜率的关系可用下式表示：

$$y - y_0 = m(x - x_0) \qquad (13.5)$$

定义区域内目标像素 p_i 的坐标为 (x_i, y_i)（$0 \leqslant i < n$，n 为区域内目标像素总数），则 p_i 点与 p_0 点之间连线的斜率 m_i 可用下式表示：

$$m_i = (y_i - y_0)/(x_i - x_0) \qquad (13.6)$$

将斜率值映射到一组累加器上，每求得一个斜率，将使其对应的累加器的值加1。因为同一条直线上的点求得的斜率一致，所以当目标区域中有直线成分时，其对应的累加器出现局部最大值，将该值所对应的斜率作为所求直线的斜率。

利用过已知点哈夫变换的直线检测方法，其关键问题是如何正确地选择已知点。在实际操作中，一般选择容易获取的特征点为已知点，例如某个区域内的像素分布中心等。

13.2.2　最小二乘法

最小二乘法（Least Squares Method，LSM）又称最小平方法，是一种数学优化技术，它通过最小化误差的平方和寻找数据的最佳函数匹配。最小二乘法也是常见的直线检测、直线拟合的方法之一，利用最小二乘法可以简便地求得未知的数据，并使得这些求得的数据与实际数据之间误差的平方和为最小。最小二乘法还可用于曲线拟合。

以直线检测为例，最小二乘法就是对 n 个点进行拟合，使得所有点到这条拟合直线的欧氏距离和最小（如图 13.15）。

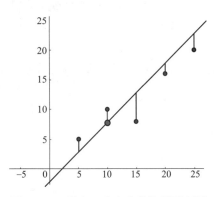

图 13.15　最小二乘法直线检测原理图

13.2.3　实践

在 11.1.2 节"模态法自动分割"处理之后，点击菜单中的"二值参数测量"—"直线参数测量"，打开"直线检测"窗口，如图 13.16 所示。

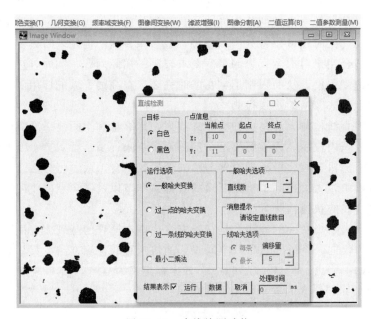

图 13.16　直线检测功能

（1）界面项目介绍

① 目标：

a. 白色：处理对象为白色像素。

b. 黑色：处理对象为黑色像素。

② 运行选项：

a. 一般哈夫变换：利用一般哈夫变换检测图像中的直线要素。

b. 过一点的哈夫变换：检测过设定点的直线要素。

c. 过一条线的哈夫变换：检测过基准线与目标像素群相交点的直线要素。

d. 最小二乘法：利用最小二乘法检测图像中的直线要素。

注意：选择其中一种运行选项时，该选项对应的参数可用。

③ 点信息：

a. 当前点：显示鼠标对应点的坐标值。

b. 起点：显示设定点的坐标和基准线的起点坐标。

c. 终点：显示设定点的坐标和基准线的终点坐标。

④ 一般哈夫选项：选"一般哈夫变换"时，激活该参数选项。

直线数：检测到的直线要素数目，可以手动调节或者直接输入，默认状态下为1。

⑤ 消息提示：选择不同的运行选项时，提示相应的操作。

⑥ 线哈夫选项：选"过一条线的哈夫变换"时，激活该参数选项。

a. 每条：检测过基准线与目标像素群每一个交点的直线要素。

b. 最长：检测过基准线与目标像素群相交点中最长的直线要素。

c. 偏移量：目标像素与基准线之间的偏移量，可以手动调节或者直接输入，默认状态下为 5（像素）。

⑦ 结果表示：是否以图像形式显示检测结果，默认状态为显示。

⑧ 运行：执行程序。

⑨ 数据：查看检测结果信息，点击后打开数据窗口。打开窗口"文件"菜单，可以读出以前保存的数据、保存当前数据、打印当前数据。保存的数据可以用 Microsoft Excel 打开。

⑩ 取消：关闭窗口。

⑪ 处理时间：显示程序运行时间。

（2）实践

对图 13.16 的二值图像，点击菜单：帧编辑，将第 1 帧的二值图像复制到后面多帧上。设定处理区域，目标像素选择"黑色"，分别对 4 种直线检测方法进行实践。一般哈夫变换和过一条线的哈夫变换，都能检测最长线，过一点的哈夫变换和最小二乘法只能检测最长线，这样统一成检测最长线，以便比较检测效果。

检测结果如图 13.17 所示。其中，各个图像的灰色直线是检测出的直线，过一点的哈夫变换的已知点设定在检测出的直线上画圈的位置，过一条线的哈夫变换的直线在检测出的直线上的圆圈与其左侧黑色区域的连线上。处理时间分别为一般哈夫变换 8.5335ms、过一点的哈夫变换 0.5121ms、过一条线的哈夫变换 2.2749ms、最小二乘法 0.6565ms。

用哪种检测方法，需要根据二值图像的情况以及检测的实时性要求，进行选用。过一点的哈夫变换的处理时间最快，效果很好，但是需要设定好已知点；过一条线的哈夫变换，处理时间较长，效果也很好，设定直线比设定一个点相对错误概率会小一些。

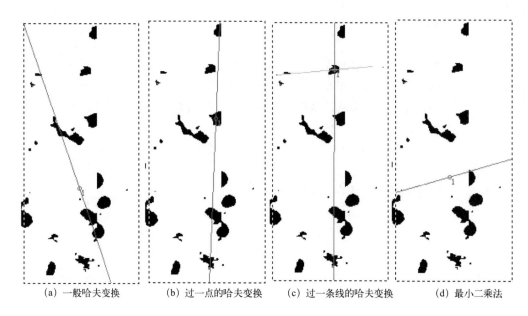

| (a) 一般哈夫变换 | (b) 过一点的哈夫变换 | (c) 过一条线的哈夫变换 | (d) 最小二乘法 |

图 13.17　直线检测结果

13.3　圆形分离实践

　　圆形分离是用来分离圆形物体，并测量其直径、面积和圆心坐标。对非圆形物体，以其内切圆的方式进行测量分离。

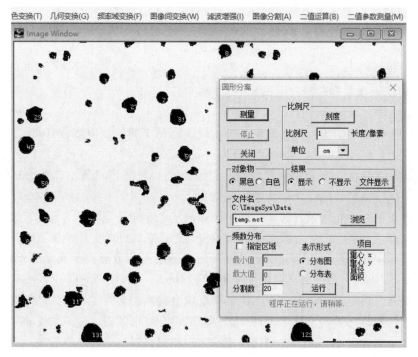

图 13.18　圆形分离功能

在 11.1.2 节"模态法自动分割"处理之后，打开"二值图像的基本运算"窗口，进行像素数小于 50 的去噪声处理。然后，点击菜单中的"二值参数测量"—"圆形分离"，打开"圆形分离"窗口。如图 13.18 所示是在"圆形分离"窗口，执行"测量"的结果图。每个黑色测量目标都显示了内切圆和编号。

点击"文件显示"后，弹出"圆形数据表示"窗口，显示测量目标的数量、比例尺、单位，以及顺序显示每个测量目标的重心 x 坐标、重心 y 坐标、直径和面积数据，可以读入、保存和打印数据。

"圆形分离"窗口的其他界面功能与图 13.6"二值图像测量"窗口的说明一致，此处不再重复。

13.4 轮廓测量实践

测量对象物的数量、各个对象物轮廓线长度（像素数）及轮廓线上各个像素的坐标。

在 11.1.2 节"模态法自动分割"处理之后，打开"二值图像的基本运算"窗口，进行像素数小于 50 的去噪声处理。然后，点击菜单中的"二值参数测量"—"轮廓测量"，打开"轮廓线测量"窗口。如图 13.19 所示是在"轮廓线测量"窗口，执行"运行"的结果图。每个原来的黑色测量目标都显示了轮廓线和编号。

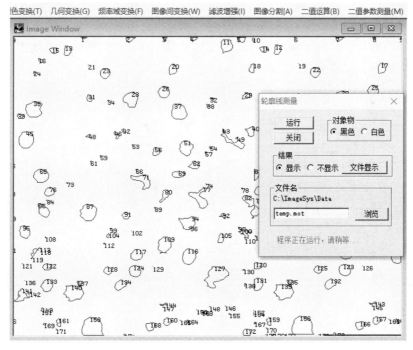

图 13.19　轮廓测量功能

点击"文件显示"后，弹出"轮廓数据表示"窗口，显示测量区域范围、对象物数量，以及顺序显示每个测量目标的像素数和每个像素的 x、y 坐标数据，可以读入、保存和打印数据。

13.5 工程应用案例

13.5.1 果树上桃子中心与半径拟合

在 6.5.2 节"果树上红色桃子区域检测"中，介绍了红色桃子区域的检测，本节介绍桃子中心和半径拟合内容。

（1）可能圆心点群计算

对前面处理后的二值图像（参考图 6.21），首先通过边界追踪的方法获得目标轮廓上各个像素点的 x 坐标和 y 坐标，并保存到数组中。从轮廓线的起点到终点，以 $A1$ 个像素为连线起点步长，以 $A2$ 个像素为连线点间隔，依次作连线，将相邻两条连线中垂线的交点作为可能圆心点，如图 13.20 所示。当轮廓线长度小于 500 像素时，$A1$ 设为 2，$A2$ 为 $A1$ 的 20 倍即 40；当轮廓线长度大于 500 像素时，$A1$ 设为 4，$A2$ 为 80。

（2）可能圆心点群分组

在实际场景中，一幅图像中往往存在多个桃子，且可能相互接触或重叠，在二值图像上会出现多个桃子连成一个轮廓的情形。因此，在对一个轮廓线求出可能圆心点群后，需要对圆心点群进行分组处理。通过横向累计投影和纵向累计投影，获得分组信息，如图 13.21 所示。

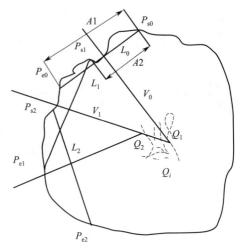

图 13.20　相邻两连线中垂线的交点群

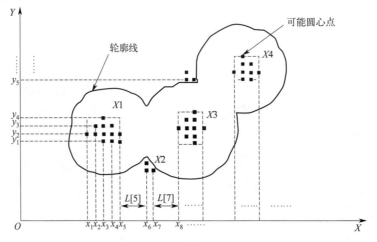

图 13.21　可能圆心点群分组示意图

（3）拟合结果

对分组区间内的可能圆心点群，分别计算圆心 x 和 y 坐标的平均值和标准偏差，确认拟合圆的圆心位置，将圆心与边界的最小距离作为半径。

图 13.22 为图 6.21（参考第 6 章）进行区域轮廓提取及拟合的结果图。对于图 13.22（a）单个果实的情况，拟合过程中一个轮廓内所有的可能圆心点都被分为一组；其余多个果

实相接触的情况，一个轮廓内的可能圆心点被分成了多组。图 13.22(d)、（e）中桃子的果实轮廓比较完整，而其他几个图中均存在果实轮廓被树叶等遮挡的情况。拟合过程中获得的可能圆心点的数量，与轮廓线长度、步长 $A1$ 及连线点间隔 $A2$ 有关，可以通过调节 $A1$ 和 $A2$ 来控制可能圆心点的数量。当 $A1$、$A2$ 很小时，计算量增加，可能的圆心点数目会增加，拟合圆的圆心和半径的准确度会提高，但运行速度会降低。在满足准确度的前提下，可以通过适当增大 $A1$、$A2$ 值，来提高处理速度。

图 13.23 是将图 13.22 与原图像合并的结果图。图 13.22 的拟合结果以及图 13.23 的原图像上的显示情况，表明该拟合算法能够适应桃子单个果实、多个相互分离以及多个果实相互接触等多种生长状态，并且对于部分遮挡（遮挡部位小于 1/2 轮廓）的果实也能够实现很好的拟合。从读入图像到处理出结果，一帧图像的平均处理时间为 635ms。

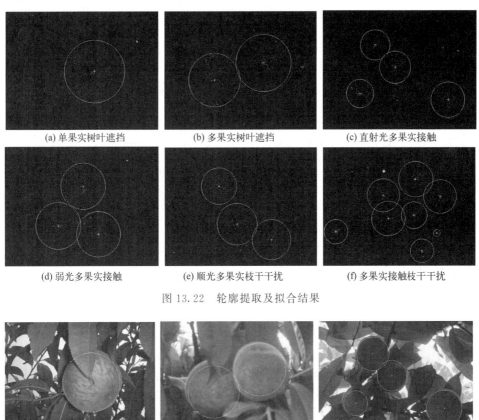

(a) 单果实树叶遮挡   (b) 多果实树叶遮挡   (c) 直射光多果实接触

(d) 弱光多果实接触   (e) 顺光多果实枝干干扰   (f) 多果实接触枝干干扰

图 13.22 轮廓提取及拟合结果

(a) 单果实树叶遮挡   (b) 多果实树叶遮挡   (c) 直射光多果实接触

(d) 弱光多果实接触   (e) 顺光多果实枝干干扰   (f) 多果实接触枝干干扰

图 13.23 拟合结果显示在原图像上

13.5.2 排种器试验台籽粒分布参数测量

排种器试验台项目，在11.3节中介绍了试验台的功能及图像采集与分割，本节介绍籽粒的参数测量内容。

13.5.2.1 籽粒计数

籽粒计数是测量其他参数的基础，对于没有粘连的籽粒，通过区域标记，测量出图像上有几个区域，即获得了籽粒数。但是，如果有粘连的情况，只通过区域标记获得不了实际籽粒数。粘连物体的分离一直是图像处理的热门课题，根据不同的使用环境，研究者提出了各种各样的分离方法。本研究假设在图像上粘连的籽粒属于少数，这个假设在排种器上是成立的，测量出各个区域的面积，然后将面积从小到大进行排序，取面积的中间值作为单个籽粒的面积。最后再将每个区域的面积除以单个籽粒的面积，对小数点部分进行四舍五入处理，累计以后即为处理区域里籽粒的总数。在实际处理时，使用了面积测量、去噪声等功能。

13.5.2.2 种子分布区间检测

（1）纵向分布检测

利用纵向投影的方法对图像进行分析，获取种子的纵向分布（播列）的坐标信息。图13.24（a）是籽粒二值图像的示意图，从左到右、从上到下，纵向扫描二值图像，将各列的像素值相加求和存入数组，可以获得图13.24（b）所示的纵向投影图。通过分析数组内数据，获得籽粒的列数，一般是一列或者两列。

（2）横向分布检测

得到各籽粒列（播列）的 X 坐标范围后，对每条籽粒列分别进行横向投影，获得各籽粒列上的区间信息。从左到右、从上到下，横向扫描二值图像，将各行的像素值相加求和，分别存入数组。通过分析数组数据，分别得到每条籽粒列在纵坐标上的各籽粒区间和间隔区间。图13.24（c）中的曲线表示图13.24（a）第一条籽粒列进行横向投影后得到的曲线。根据图13.24（c）中的投影结果，可以得到籽粒区间位置，以及各间隔区间的长度等。

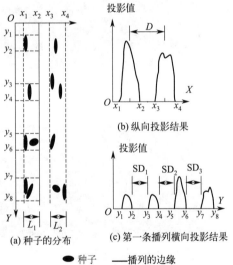

(a) 种子的分布

(b) 纵向投影结果

(c) 第一条播列横向投影结果

● 种子　—— 播列的边缘

图13.24　投影图

13.5.2.3 条播参数计算

条播时要计算的参数主要是目标区间的籽粒数和间断区间的长度。目标区间籽粒数的计算，需要对每个目标区间分别进行计算，对于跨区间边界的籽粒，将其归入占比例较大的区间。

如图13.25是两列条播片段的图像检测结果。其中，白色为籽粒，垂直线为检测出的籽粒列边界和中心线，横线为设定的检测条长（50mm），数字为各个区间内检测出的籽粒数。可以看出，检测出的籽粒列边界和中心线完全正确，籽粒数只是在个别粘连且跨区间边界的区域有一点误差，大多数都是正确的。

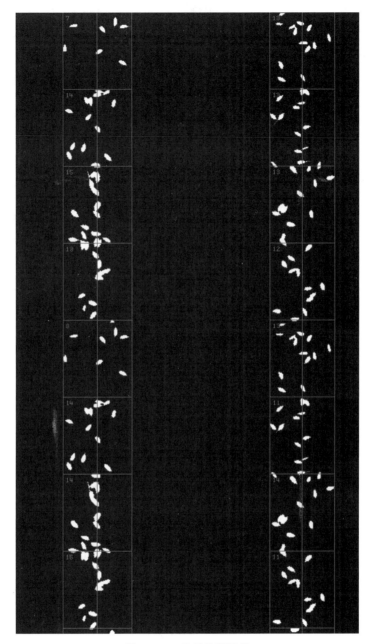

图 13.25　条播检测结果

13.5.2.4　穴播与精播参数计算

　　计算穴播参数的关键是要对籽粒进行正确的归类，将距离较近的籽粒归为同一穴。前面已经得到了各籽粒列在 Y 轴方向上的籽粒区间以及间隔区间。按如下方法对其籽粒进行穴位归类。

　　第一步，进行初步分类。对于第一条籽粒列，计算其间隔区间长度的平均值和标准偏差，将位于同一籽粒区间内的种子归为一穴。

　　第二步，进行精确归类。设第 i 个籽粒区间与第 $i+1$ 个籽粒区间的间隔区间长度为

SD_i，如果数据小于平均值减标准偏差，则将第 i 个籽粒区间和第 $i+1$ 个籽粒区间中的籽粒归为一穴。如果存在第二条籽粒列，按同样方法对其进行籽粒归类。

第三步，统计归类后各穴中目标区域内籽粒数量。计算各穴中白色像素坐标的平均值作为其穴心坐标，相邻两穴在 Y 轴方向上的穴心坐标之差即为穴距。

在得到穴距、各穴中籽粒数的基础上，结合试验标准，可以进一步算出合格率、重播率、漏播率等参数。

精播可以看成是一个穴内只有一粒籽粒的穴播。首先要将籽粒归类到不同的穴中，然后再计算出各穴中的籽粒数、穴距等参数。计算方法与穴播相同。如果穴中的籽粒数大于1，则表明穴内出现重播。将测量得到的穴距与理论穴距进行比较，可以判断是否有空出穴（漏播）。

图 13.26 是一列穴播和两列精播片段的检测结果。由于本书主要是介绍机器视觉的相关知识，对排种器的性能部分不做说明。

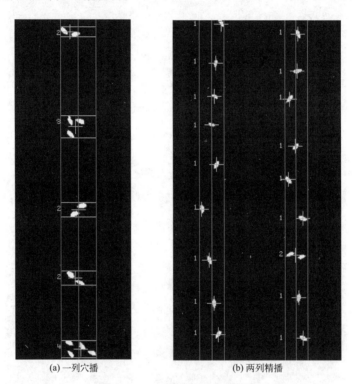

(a) 一列穴播　　　　　　　　　　(b) 两列精播

图 13.26　穴播和精播检测结果

13.5.3　农田视觉导航线检测

（1）插秧机器人视觉导航线检测

在第 10 章里分别介绍了苗列和各种田埂的微分检测以及二值化方法，在第 12 章里介绍了去噪声处理。本节对去噪声后的二值图像，利用过一条线的哈夫变换（苗列）和过已知点的哈夫变换（田埂）进行导航线检测。水泥田埂的已知点设在最长连接成分的中点，没有长连接成分的土田埂，已知点设在像素点平均中心位置。

图 13.27～图 13.30 是分别展示了目标苗列线、目标田埂线、田端田埂线及阴影线、侧面田埂线的检测结果实例。为了观察方便，将检测出的导航线直接显示在了原图上。

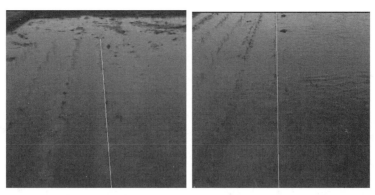

图 13.27　目标苗列线检测结果

图 13.28　目标田埂线检测结果

图 13.29　田端田埂线及阴影线的检测结果

图 13.30　侧面田埂线检测结果

（2）小麦播种导航线检测

在第8章中介绍了小麦播种导航路径检测的目标候补点检测方法。检测出每个扫描线的目标候补点后，用过已知点哈夫变换检测导航线，已知点设在目标候补点群中心位置。图13.31是小麦播种候补点群和导航线检测结果。

(a) 田埂线图像   (b) 播种线图像

图 13.31 小麦播种候补点群和导航线的检测结果

（3）麦田多列目标线检测

在第5章中介绍了基于2G-R-B将不同时期的苗列进行了灰度化强调处理的方法，采用第11章的"大津法自动分割"就可以自动提取苗列的二值图像。本节对苗列二值图像，利用过已知点哈夫变换进行苗列线检测。

本研究首先提取每个目标列上的目标点群，分别对每个目标列的目标点群进行过已知点哈夫变换处理，最终获得各个目标列的直线，已知点设置在各个目标点群的中心点。图13.32是苗列线检测结果，每条苗列线上都显示了检测出的黑色直线。

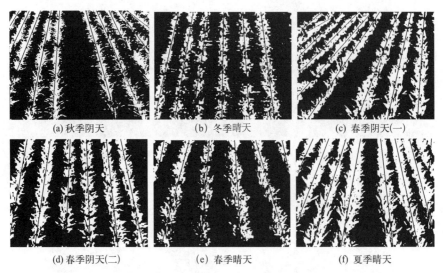

(a) 秋季阴天   (b) 冬季晴天   (c) 春季阴天(一)

(d) 春季阴天(二)   (e) 春季晴天   (f) 夏季晴天

图 13.32 不同生长期苗列线的检测结果

（4）其他农田作业导航线的检测

利用小麦播种的导航线检测方法分别对耕作、玉米播种、棉花播种、小麦收获和棉花采摘的环境等进行了导航线检测试验。试验表明，上述环境一般都可以检测，只是小麦收获环境和棉花采摘环境有些特殊。在收获小麦时，有时会出现很大的灰尘，会影响检测效果。对于棉花采摘，导航线发白（白色棉花的边缘），而不是发黑，需要进行特殊处理。图 13.33 分别展示各种导航线检测结果实例。

(a) 耕作   (b) 玉米播种

(c) 棉花播种   (d) 棉花收获

(e) 小麦收获   (f) 玉米收获

图 13.33　不同作业环境的导航线检测结果

思考题

1. 参考图 13.1、图 13.3 和表 13.2，要提取橘子，用哪个几何参数？
2. 用过已知点哈夫变换检测直线，需要先检测出哪些参数？

第 14 章

二维三维运动图像测量

▶▶ **思维导图**

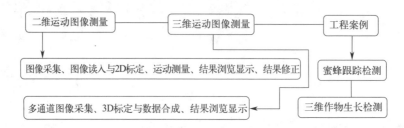

14.1 二维运动图像测量

二维运动图像测量分析系统 MIAS 的功能介绍，参考第 1 章的 1.8 节，在此只做实践。MIAS 的操作步骤如下：

　①图像采集；

　②运动图像读入与 2D（二维）标定；

　③运动测量；

　④结果浏览显示；

　⑤结果修正。

以下按上述步骤，边介绍边实践。

14.1.1 图像采集

打开 MIAS 软件，点击菜单中的"图像采集"，会打开 ImageCapture 软件系统。点击 ImageCapture 菜单中的"DirectX 图像采集"，打开图像采集界面，预览笔记本电脑自带摄像头，如图 14.1 所示。可以插入 USB 外接摄像头，选择外接摄像头图像，拍摄运动目标视频。

图像采集功能与 ImageSys 软件完全一样，可以参考第 3 章的介绍。

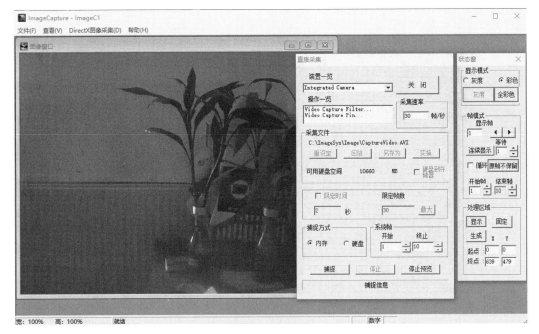

图 14.1　图像采集界面

14.1.2　运动图像读入与 2D 标定

运动图像包括视频文件和连续图像文件，在 MIAS 可以读入 BMP、JPG、TIF 等类型的连续图像文件和 AVI、FLV、MP4、WMV、MPEG、RM、MOV 等类型的视频文件。点击 MIAS 菜单中的"运动图像"，读入 ToyCar.AVI 视频。

点击 MIAS 菜单中的"2D 比例标定"，弹出图 14.2 所示的"2D 标定"窗口。由于是实践演示，就按默认设置，可以点击"确定"关闭窗口。

窗口内项目说明：

① 读入设定：读入以前保存的标定设置条件。

② 保存设定：保存当前设置的标定条件。

③ 读入图像：读入标定用的图像。

④ "刻度"内容的介绍。

a. 距离。

● 图像距离：图像上比例尺的像素距离。

● 实际距离：设定比例尺的图像距离所表示的实际距离。

● 单位：选择实际距离的单位。

● 计算比例：根据设定的图像距离和实际表示的距离计算出比例尺。

b. 时间。

● 拍摄帧数/单位：设定单位时间内拍摄的帧数。

● 读取间隔：设定图像帧读入的间隔数。

⑤ "坐标变换"内容的介绍。

a. 原点：表示实际坐标原点在图像上的位置。默认左上角为原点（0，0）。

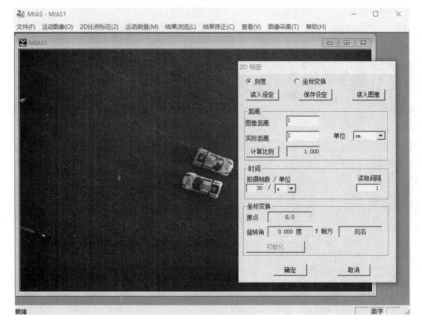

图 14.2　2D 标定功能

b. 旋转角：表示坐标 X 轴逆时针旋转角度。X 轴水平向右为 $0°$。

c. Y 轴方向（即图 14.2 中的"Y 轴方"）：表示以 X 轴为基准，面向 X 轴方向时，Y 轴的方向。表示为"向左"或"向右"。

d. 设置键：初始显示为"初始化"，点击后依次显示"原点在左上""原点在左下""原点在右下""原点在右上"等，"原点""旋转角""Y 轴方向"等随着设置键表示内容的变化相应地自动改变。

14.1.3　运动测量

MIAS 的运动测量功能，包括自动测量、手动测量和标识测量。点击菜单中的"运动图像"—"自动测量"，打开图 14.3(a) 的自动测量（"追踪"）窗口。关闭自动测量窗口后，点击菜单中的"运动图像"—"手动测量"，打开图 14.3(b) 的手动测量（"轨迹测量"）窗口。

自动测量，主要是采用本书前面各章节介绍的算法，进行目标对象的分割和去噪声处理，设定比较复杂。手动测量，主要用于目标与背景很难自动分割的情况，通过用鼠标逐帧点击目标，实现目标跟踪。本实践是对图 14.2 所示小车上的色点进行跟踪，不用自动测量和手动测量功能，因此不对二者界面功能详细说明。

关闭自动测量和手动测量窗口后，点击菜单中的"运动图像"—"标识测量"，打开图 14.4 的标识测量（"标识跟踪"）窗口。

对界面功能介绍如下。

(1) 运动图像文件

上方窗口内显示测量文件的路径。

① 起始文件（帧）：显示被测量运动图像的起始文件（连续文件）或者起始帧（视频文件）。

② 结束文件（帧）：显示被测量运动图像的结束文件（连续文件）或者结束帧（视频文件）。

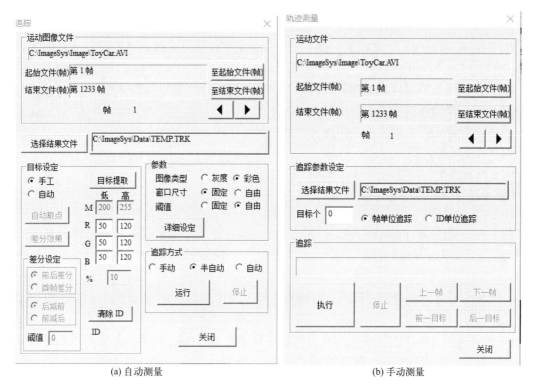

(a) 自动测量　　　　　　　　　　　　(b) 手动测量

图 14.3　自动测量和手动测量功能

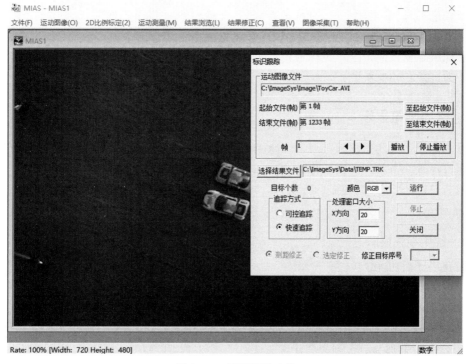

图 14.4　标识测量功能

③ 至起始文件（帧）：显示被测量运动图像的起始文件（连续文件）或者起始帧（视频文件）。

④ 至结束文件（帧）：显示被测量运动图像的结束文件（连续文件）或者结束帧（视频文件）。

⑤ 帧：显示当前窗口显示帧。点击右侧的翻转键可以改变显示图像。

⑥ 播放：播放连续图像文件或者视频文件。

⑦ 停止播放：停止播放连续图像文件或者视频文件。

（2）选择结果文件

设定测量结果文件的保存路径及文件名。

（3）追踪方式

分为"可控追踪"和"快速追踪"。

① 可控追踪：通过播放器控制追踪的速度，并且可通过点击鼠标调整各个点在追踪过程中的位置；选择"可控追踪"时，"测距修正""选定修正"和"修正目标序号"选项有效。

a. 测距修正：选择修正位置后，自动将本帧上距离点击位置最近的目标移到点击位置，用于分散目标的情况。

b. 选定修正：在修正目标序号一栏中选择要修正的目标，鼠标点击后，将选择目标移动到点击位置，用于集中目标的情况。

② 快速追踪：以最快的方式完全自动地追踪。

（4）处理窗口大小

设定追踪窗口的大小。

（5）颜色

分为 RGB、R、G、B 四类模式，根据标识目标颜色和背景颜色，合理选择其中之一。

按目标跟踪窗口的设定，鼠标分别点击两个小车上的一个色点（任意选择），然后执行"运行"，即可实现快速跟踪。

14.1.4 结果浏览显示

对目标完成运动测量之后，可对十余个项目的测量结果以图表、数据等形式进行浏览。

关闭目标跟踪窗口，按提示保存跟踪结果文件。之后点击菜单中的"结果浏览"—"结果视频显示"，打开"结果视频显示"窗口，点击视频播放器，播放完后，可以显示跟踪轨迹，如图 14.5 所示。

14.1.4.1 结果视频显示

下面介绍界面功能。

（1）数据设定

① 设定目标：选择"显示轨迹"时有效，设置目标的运动轨迹颜色及线型。执行后弹出图 14.6(a) 窗口。

a. 窗口中左上部为目标列表显示框。

b. 窗口中右上部第一个选项框表示当前的对象目标序号。

c. 窗口中右上部第二个选项框表示当前选择的颜色。颜色选项包括：红、绿、蓝、紫、

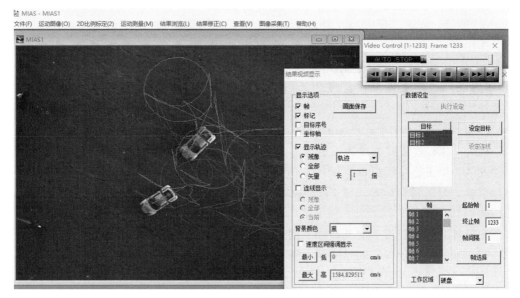

图 14.5　跟踪结果显示

黄、青、灰。

d. 窗口中右上部第三个选项框表示当前线型。线型选项包括：实线、断线、点线、一点断线、两点断线。

e. 单色初始化：将所有对象目标轨迹的颜色及线型统一成选定目标的颜色和线型。

f. 自动初始化：自动设定每个目标轨迹的颜色。

g. 确定：执行设定的项目。

h. 取消：不执行设定的项目，退出窗口。

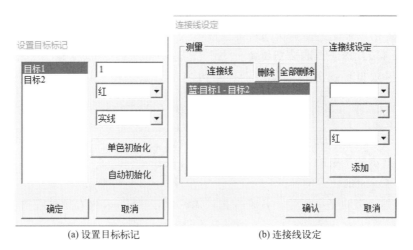

(a) 设置目标标记　　　　　　　(b) 连接线设定

图 14.6　设定功能

② 设定连线：选择"连线显示"时有效，设置、添加、删除任意两个目标间的连接线。执行后弹出图 14.6(b) 窗口。

a. 测量：

● 连接线：目标与目标的连接线，下方是目标连接线列表框。

● 删除：删除目标连接线列表框指定的目标连接线。

● 全部删除：删除目标连接线列表框全部的目标连接线。

b. 连接线设定：

● 上方与中间的两个选项框用来设定要添加的两个对象目标。

● 下边选项框用来设定连接线的颜色。连接线颜色选项包括：红、绿、蓝、紫、黄、青、灰。

● 添加：执行以上三个选项框的设定，添加目标连接线。

c. 确认：执行连接线窗口的设定。

d. 取消：退出连接线窗口。

③ 目标：显示目标列表。图 14.5 中方框内容为 2 个目标的显示列表，当前操作对象是目标 1 和目标 2。

④ 起始帧：设定要显示的开始帧。图 14.5 中显示的起始帧是第 1 帧。

⑤ 终止帧：设定要显示的结束帧。图 14.5 中显示的终止帧是第 1233 帧。

⑥ 帧间隔：设定要显示的帧与帧之间的间隔帧数。图 14.5 中显示的帧间隔是 1。

⑦ 帧选择：执行以上④、⑤、⑥项的帧设定。

⑧ 帧：显示帧列表。图 14.5 中方框内容为执行"帧选择"后的帧列表。

⑨ 工作区域：选项为硬盘或内存。

⑩ 执行设定：运行"数据设定"范围内的项目设置。

（2）显示选项

① 帧：表示当前窗口内读入的连续图像画面。点击单选框设定是否显示"帧"。

② 标记：表示目标的记号。点击单选框设定是否显示"标记"。

③ 目标序号：表示目标的顺序标号。点击单选框设定是否显示"目标序号"。

④ 坐标轴：点击单选框设定是否显示"坐标轴"。

⑤ 显示轨迹：

a. 残像：显示当前帧之前的运动轨迹。选项：轨迹、轨迹加矢量、连续矢量。

b. 全部：显示目标所有的运动轨迹。

c. 矢量：表示目标运动轨迹的方向。右边的小方框是用来设定矢量的长度倍数，图 14.5 中所示的设定为矢量显示 1 倍长度。

⑥ 连线显示：

a. 残像：显示运动过的帧上的连线。

b. 全部：显示从指定的起始帧至终止帧上的连线。

c. 当前：显示当前帧上的连线。

⑦ 背景颜色：当前显示窗口的背景颜色，黑或白。"帧"选择为显示的状态下，背景颜色的选择无效。

⑧ 速度区间强调显示：选择感兴趣的速度区间，目标在此区间的轨迹将以粗实线表示。选择"速度区间强调显示"后，"最小""最大"设定有效。"最小"设定目标的最小速度，"最大"设定目标的最大速度。"最小"默认的低值为所有目标速度的最低值，"最大"默认的高值为所有目标速度的最高值。

⑨ 画面保存：保存当前图像窗口内的显示画面（连续），可保存为连续的 BMP 图像类型的文件和 AVI 视频类型的文件。

保存为 BMP 图像类型时，设定文件名执行保存，系统自动将连续的运动画面从起始帧至终止帧逐帧按序号递增存储。

保存为 AVI 视频类型时，设定文件名执行保存，系统提示选择压缩程序，可根据实际需要选择。如对保存的结果质量要求较高时，最好选择"（全帧）非压缩"的方式；反之对图像质量要求较低时（存储占用空间相对较小），可选择其他的压缩方式及其压缩率。点击"确定"后，系统将连续的运动画面从起始帧至终止帧存储为视频文件。

在执行存储处理过程中，如需中断存储任务，可点击处理进程界面的"停止"。保存的 BMP 或 AVI 的结果文件，其具体图像内容与当前所设定的"显示选项"和"数据设定"显示结果一致。

图 14.7 列出了上述显示方法中的 2 种效果。其中，图 14.7(a) 是以连续矢量显示方式显示全部运动轨迹，窗口背景被设置成白色；图 14.7(b) 表示的是感兴趣速度区间强调显示。

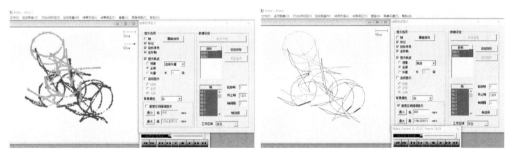

(a) 连续矢量轨迹   (b) 感兴趣速度区间强调显示

图 14.7 跟踪轨迹显示效果图

14.1.4.2 位置速率

位置速率指目标轨迹在不同帧的位置和速率。在该栏目中，可查看、复制、打印各参数的图表、数据，以及更改显示的颜色、线型等视觉效果。显示的参数具体为目标的"坐标 X""坐标 Y""移动距离""速度"和"加速度"5 个结果数据，有图表和数据两种查看方式。

点击 MIAS 菜单中的"结果浏览"—"位置速度"，打开图 14.8(a) 所示的"位置/速率"窗口。

图 14.8(a) 的界面功能说明如下。

（1）设置目标

设定目标标记及其运动轨迹线的显示颜色和线型。点击后弹出如图 14.6(a) 所示的设置窗口。

（2）查看图表

查看测量参数设定范围的目标和项目的图表表示。图 14.8(b) 是打开的图表窗口。图中的曲线分别表示 2 个目标的相应数值，该图表可以保存和拷贝。

（3）查看数据

查看测量参数设定范围的目标和项目的数值。图 14.8(c) 是打开的数据界面，数据可以保存成 TXT 文件。

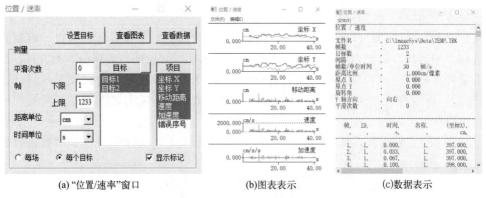

| (a)"位置/速率"窗口 | (b)图表表示 | (c)数据表示 |

图 14.8　位置速度数据

（4）测量

① 目标：显示目标列表。可点击选择对象目标。

② 项目：显示数据项目列表。选项：坐标 X、坐标 Y、移动距离、速度、加速度。可点击选择对象项目。

错误序号：有错误时可以查看，一般不用。

③ 每场：以场为单位。

④ 每个目标：以目标为单位。

⑤ 显示标记：显示各个目标的记号。

⑥ 平滑次数：设定平滑化修正的次数。

⑦ 帧：表示设置或查看对象的帧数范围。

上限：表示起始帧。下限：表示结束帧。

⑧ 距离单位：选择距离的单位，可选 pm、nm、μm、cm、m、km。

⑨ 时间单位：选择时间的单位，可选 ps、ns、μs、ms、s、m（即 min）、h。

14.1.4.3　偏移量

偏移量反映目标轨迹在不同帧的位置变化，在该栏目，可查看指定目标相对于设定基准的 X 方向偏移、Y 方向偏移以及绝对值偏移，有图表和数据两种查看方式。功能界面与图 14.8"位置/速率"窗口类似，不再详细说明。

14.1.4.4　2 点间距离

2 点间距离指目标与目标间的直线间隔，用户在操作界面可添加多条目标直线，设置成不同的颜色和线型，以便区分。功能界面与图 14.8"位置/速率"窗口类似，不再详细说明。

14.1.4.5　2 线间夹角

2 线间夹角即两个以上目标组成的连线之间的角度，包括 3 点间角度、2 线间夹角、X 轴夹角和 Y 轴夹角 4 种类型。

点击 MIAS 菜单中的"结果浏览"—"2 线间夹角"，打开图 14.9(a) 所示的"2 线间夹角"窗口。

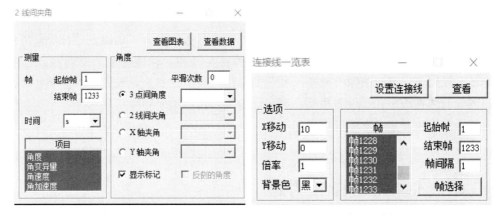

(a) 2线间夹角功能　　　　　　　　　(b) 连接线一览表功能

图 14.9　2 线间夹角与连接线一览表功能

图 14.9(a) 的操作界面功能大多和前面项目相同，这里只说明与前面不相同的栏目。

3 点间角度：表示 3 点之间顺侧或逆侧的角度。

2 线间夹角：表示 3 个或 4 个点组成的 2 条连接线之间的夹角角度。

X 轴夹角：表示 2 点组成的连接线与 X 轴的夹角角度。

Y 轴夹角：表示 2 点组成的连接线与 Y 轴的夹角角度。

选定要查看的角度类型之后，可查看角度、角变异量、角速度及角加速度 4 个相关项目。

14.1.4.6　连接线一览

该栏目可添加多个目标之间的连接线，设置目标连接线的颜色，设定 X 方向和 Y 方向连接线的分布间隔（像素数）、放大倍数、背景颜色及帧间隔等参数。

点击 MIAS 菜单中的"结果浏览"—"连接线一览"，打开图 14.9(b) 所示的"连接线一览表"窗口，其操作界面功能如下。

① 设置连接线：设定目标连接线。可以参考图 14.6(b) 连接线设定。

② 查看：执行设定的参数，浏览连接线表示图。

③ 选项：

a. X 移动：设定 X 移动量。

b. Y 移动：设定 Y 移动量。

c. 倍率：设定放大倍数。

d. 背景色：设定背景颜色，黑或白。

④ 帧：

a. 帧：显示帧列表。

b. 起始帧：设定开始帧。

c. 结束帧：设定终止帧。

d. 帧间隔：设定帧间隔。

e. 帧选择：执行以上的帧设定。

14.1.5　结果修正

本系统提供了多种对测量结果进行修正的方式，具体包括：手动修正，对指定的目标轨迹进行修改校正；平滑化，对目标运动轨迹去掉棱角噪声，使轨迹更趋向曲线化；内插补间，样条曲线插值，消除图像（轨迹）外观的锯齿；帧坐标变换，改变帧的基准坐标；人体重心，测量人体重心所在；设置事项，可设定基准帧、添加或删除目标帧。

对结果修正功能，不做详细说明。

14.2　三维运动图像测量

三维运动图像测量分析系统 MIAS3D 的功能介绍，参考第 1 章的 1.8 节，在此只做部分实践。MIAS3D 的操作步骤如下：

① 多通道图像采集；

② 对每个通道运动图像的二维测量；

③ 3D 标定与 3D 数据合成；

④ 结果浏览显示；

⑤ 结果修正。

其中，第②步，在上一节做了比较详细的实践演示，本节不再说明；第③步的数据内容与上节相比，只是二维和三维的差别，本节只实践三维视频，结果数据不再实践；第⑤步不做说明和实践。

本节主要对第①步、第③步和第④步的主要内容进行介绍和实践。

14.2.1　多通道图像采集

打开 MIAS3D，点击菜单中的"多通道图像采集"，打开如图 14.10 所示的多通道图像采集系统 MCHCapture 系统界面。系统的"状态窗"以及系统设定与 ImageSys 完全一样，参考第 1 章的第 1.8 节。

MCHCapture 包含了"双目高清图像采集"和"Dalsa 红外双目采集"两个采集系统。

双目高清图像采集，利用配套双目摄像机，完全内同步双目同屏采集视频或图像，然后进行左右视觉分割保存。采集的双目视频，可以利用本系统的"文件"—"视频文件剪辑"功能进行剪辑。双目分辨率：1280 像素×480 像素，2560 像素×960 像素。MJPG 颜色（有损压缩格式）固定帧率：2 种分辨率都是 60 帧/秒；YUY2 颜色（无压缩格式）固定帧率：1280 像素×480 像素 10 帧/秒，2560 像素×960 像素 2.5 帧/秒。

Dalsa 红外双目采集，首先要安装摄像机驱动和进行摄像机的网络设置。摄像机的最高采集帧率为 92 帧/秒，调节摄像机的曝光度，可以改变帧率，曝光越小，帧率越高。

14.2.2　3D 标定与 3D 数据合成

本系统采用两部一模一样的摄像机平行放置的平行式立体视觉模型。其原理如图 14.11 所示，假设摄像机 C_1 与 C_2 一模一样，即摄像机内参完全相同。两个摄像机的 x

图 14.10　MCHCapture 系统界面

轴重合，y 轴平行。因此，将其中一个摄像机沿其 x 轴平移一段距离后能够与另一个摄像机完全重合。

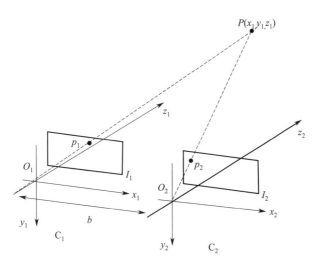

图 14.11　平行式立体视觉模型原理图

　　摄像机参数是由摄像机的位置、属性参数和成像模型决定的，包含内参和外参。摄像机内参是摄像机坐标系与理想坐标系之间的关系，是描述摄像机的属性参数，包含焦距、光学中心、畸变因子等。而摄像机外参表示摄像机在世界坐标系中的位置和方向，外参包含旋转矩阵和平移矩阵，描述摄像机与世界坐标系之间的转换关系。将通过试验与计算得到摄像机内参和外参的过程称为摄像机标定。

　　摄像机标定是计算机立体视觉研究中需要解决的第一问题，也是进行双目视觉三维重建的重要环节。这一过程精确与否，直接影响了立体视觉系统测量的精度，因而立体摄像机的标定工作是必不可少的。本节分别介绍直接线性标定法和张正友标定法。

（1）直接线性标定法

Abdel-Aziz 和 Karara 于 20 世纪 70 年代初提出了直接线性变换（Direct Linear Transformation，DLT）的摄像机标定方法，这种方法忽略摄像机畸变引起的误差，直接利用线性成像模型，通过求解线性方程组得到摄像机的参数。

DLT 标定法的优点是计算速度很快，操作简单且易实现。缺点是由于没有考虑摄像机镜头的畸变，因此不适合畸变系数很大的镜头，否则会带来很大误差。

DLT 标定法需要将一个特制的立方体标定模板放置在所需标定摄像机前，其中标定模板上的标定点相对于世界坐标系的位置已知，这样摄像机的参数可以利用摄像机线性模型得到。

若已知空间中至少 6 个特征点和与之对应的图像点坐标，便可求得投影矩阵。一般在标定的参照物上选取大于 8 个已知点，使方程的数量远远超过未知量的数量，从而降低用最小二乘法求解造成的误差。直接线性标定法一般用于大视野的 3D 测量标定。

图 14.12(a) 是一个直接线性标定的现场，图 14.12(b) 是对应的数据。

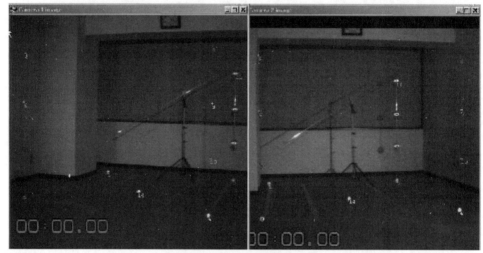

(a) 直接线性标定现场

(b) 直接线性标定数据

图 14.12　直接线性标定的现场和数据

（2）张正友标定法

张正友标定法也称 Zhang 标定法，是由微软研究院的张正友博士于 1998 年提出的一种介于传统标定方法和自标定方法之间的平面标定法。它既避免了传统标定方法设备要求高、操作烦琐等缺点，又比自标定的精度高、鲁棒性好。该方法主要步骤如下：

① 打印一张黑白棋盘方格图案，并将其贴在一块刚性平面上作为标定板；

② 移动标定板或者摄像机，从不同角度拍摄若干照片（理论上照片越多，误差越小）；

③ 对每张照片中的角点进行检测，确定角点的图像坐标与实际坐标；

④ 在不考虑径向畸变的前提下，即采用摄像机的线性模型，根据旋转矩阵的正交性，通过求解线性方程，获得摄像机的内部参数和第一幅图的外部参数；

⑤ 利用最小二乘法估算摄像机的径向畸变系数；

⑥ 根据再投影误差最小准则，对内外参数进行优化。

张正友标定法一般用于小视野的 3D 测量标定。图 14.13 为张正友标定法的界面和标定数据。

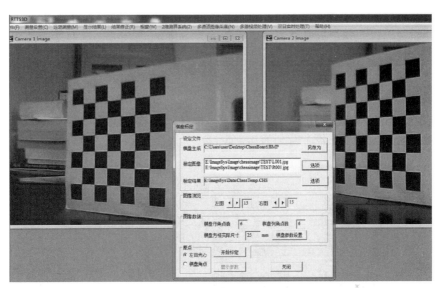

(a) 张正友标定法界面

(b) 张正友标定法标定数据

图 14.13 张正友标定法界面和数据

将双目视觉的两路运动图像二维测量数据文件和 3D 标定数据文件读入 MIAS3D，执行 3D 数据合成命令，即可获得 3D 合成数据。

14.2.3　结果浏览显示

通过运动测量后，MIAS3D 的测量结果可以通过多种方式进行表示。如，视频、点位速率、偏移量、点间距离、线间夹角、连接线一览等的表示。显示结果的各项操作界面与二维运动图像测量分析系统 MIAS 大致相同，只是由 2D 数据变成了 3D 数据，因此下面只对 3D 视频结果实践，不再对操作界面进行说明。

（1）多方位 3D 表示

多方位 3D 表示可以对读入的 3D 结果文件进行上面、正面、旋转、侧面及任意角度的图表表示、数据查看、复制、打印等，可以更改显示的颜色、线型等视觉效果。其中轨迹及目标点的连线可以以残像、矢量等方式进行显示。对于轨迹，可以选择感兴趣的速度区间，选择后目标在此区间的轨迹将以粗实线表示。此外，在表示过程中可以通过控制播放操作面板实现结果的快进、快退、单帧等回放操作。

多方位 3D 表示结果示例如图 14.14 所示。图中测量的目标点共有 20 个，依次分布在人体各个关节处。测量结果分别以上面、正面、旋转、侧面图方式显示。通过控制播放操作面板可以观察人体各关节在各个时刻的运动情况。

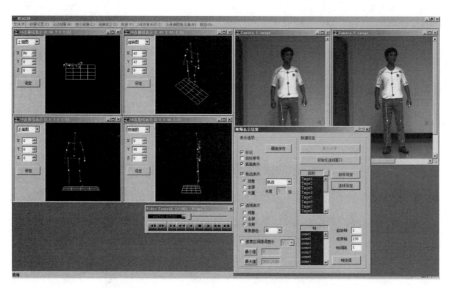

图 14.14　多方位 3D 表示结果示例

（2）OpenGL3D 表示

OpenGL3D 表示可以对读入的 3D 结果文件通过 OpenGL 打开，可以导出 3DS 文件，导出后可以用 3DMax、AutoCAD、ProE 等软件读取。使用时可以设定显示的颜色、线型、目标点球形大小等视觉效果。对于轨迹，可以选择感兴趣的速度区间，选择后目标在此区间的轨迹将以粗实线表示。此外，在表示过程中可以通过控制播放操作面板实现结果的快进、快退、单帧等回放操作。

OpenGL3D 表示结果示例如图 14.15 所示，其中目标点球形大小为 3，背景为黑色。对于 OpenGL 窗口内显示的目标及轨迹，可以利用鼠标进行放大、缩小、任意旋转等多种灵活操作，从而实现对目标点及其运动轨迹的全方位观测。

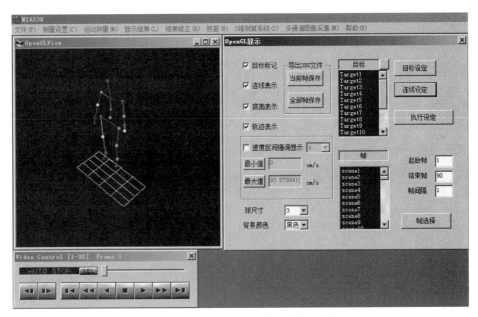

图 14.15　OpenGL3D 表示结果示例

在 MIAS 和 MIAS3D 系统的基础上，开发了运动目标实时跟踪测量系统 RTTS 和 RTTS3D。除了 MIAS 和 MIAS3D 全部功能外，增加了实时测量和实时标识测量两项功能。

14.3　工程应用案例

14.3.1　蜜蜂舞蹈实时跟踪检测

社会性昆虫（包括蚂蚁、白蚁及部分胡蜂、蜜蜂）在自然界有很重要的生物学意义。蜜蜂的摇摆舞是所有社会性昆虫行为方式中被研究得最深入、知名度最高的动作。蜜蜂摇摆舞，不仅能报告蜜源远近，还能指示蜜源的方向。当在竖直平面上跳摇摆舞时，如果蜜蜂头朝上，则是说："朝太阳的方向飞去，能找到花粉。"反之，则是报告："在背向太阳的地方可以找到食物。"

对于蜜蜂轨迹的图像跟踪，以往的研究主要采用给观测目标涂上有对比颜色的放光材料，通过提高昆虫与背景的对比度，利用标识与背景的反差来进行目标的检测与跟踪。而采用标识的方法对目标进行检测与跟踪往往会给试验带来不便，尤其在微小的昆虫身上进行标记，无疑是件不太容易的事情，而且会影响昆虫的行为。

本试验旨在对未标记的多目标蜜蜂进行检测与跟踪，通过对其运动轨迹进行统计分析，确定蜜蜂摇摆舞的摇摆区间，从而获得蜜蜂摇摆时间以及摇摆角度等信息，为解析蜜蜂摇摆舞所传递的信息提供原始数据。

（1）试验装置及视频图像采集

试验用视频样本由数字摄像机拍摄获得。拍摄图像的分辨率为 640 像素×480 像素，帧率为 30 帧/秒，视频以 AVI 格式保存。蜜蜂在竖直平面上爬行，摄像机镜头光轴垂直于竖直平面进行拍摄。图像处理采用的 PC 机配置 Pentium（R）Dual-Core 处理器，主频为 2.6GHz，内存为 2.00GB。利用 Microsoft Visual Studio 2010 进行了算法的研究开发。图 14.16 为试验装置及视频图像采集示意图。

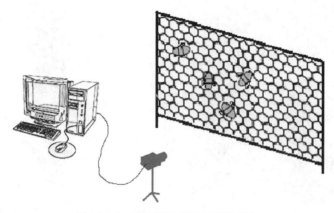

图 14.16　试验装置及视频图像采集

（2）目标蜜蜂的选定

图像的左上角为原点，水平向右为横坐标 x 的正方向，垂直向下为纵坐标 y 的正方向。在视频的首帧上，通过鼠标手动点击目标蜜蜂的头部点 P_s 与尾部点 P_e，将这两点连线 P_sP_e 的长度记为 d，并以 d 的 1.5 倍为边长设定蜜蜂的正方形处理区域。扫描 P_sP_e 上各点，查找离点 P_s 最近且 M［式(14.1)］值最大的点，定义该点为蜜蜂目标点 P。

$$M = 2R - B \qquad\qquad (14.1)$$

式中，R 和 B 分别为目标像素的红色和蓝色分量值。

图 14.17(a) 为处理视频的初始帧图像，从图中可以看出，蜂巢背景颜色与蜜蜂颜色十分接近。图 14.17(b) 表示利用式(14.1) 对其原彩色图像的 R、B 分量进行运算后得到的灰度图像。由图 14.17(b) 可以看出，经过式(14.1) 运算后，达到了增强蜜蜂目标的效果。

(a) 原图像　　　　　　　　　　　　　　　　　(b) 2R-B图像

图 14.17　目标蜜蜂选取

（3）目标点跟踪

从第 2 帧图像开始，以前帧上目标点为中心点，建立 9 像素×9 像素区域的模板。通过对当前帧进行模板匹配，实现目标点的跟踪。

（4）蜜蜂舞蹈判断

如图 14.18 所示，蜜蜂摇摆舞的运动轨迹是 8 字形，点 F 为摇摆起始点，点 E 为摇摆终止点，FE 方向为蜜蜂摇摆舞爬行直线方向，简称爬行方向，FE 的垂直方向为摇摆方向，摇摆方向的坐标拐点称为摇摆特征点。蜜蜂在一个地点附近反复做几次同样的摇摆舞。

将上述蜜蜂目标点在各帧上的 x、y 坐标与其在首帧上的 x、y 坐标之差的绝对值，分别依次存入数组 D_x 和 D_y 中，即数组 D_x 和 D_y 分别为蜜蜂运动轨迹上各点与起始点在 x 和 y 方向上的距离。通过分析数组 D_x 和 D_y 的波形，判断出蜜蜂摇摆舞区间，从而获得蜜蜂摇摆时间以及摇摆角度等信息。

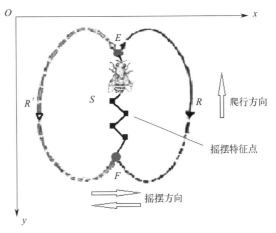

图 14.18　蜜蜂摇摆舞运行方式

（5）系统实现

本试验在二维运动图像测量分析系统 MIAS 的平台上完成了开发，图 14.19 是系统界面及蜜蜂轨迹跟踪结果。

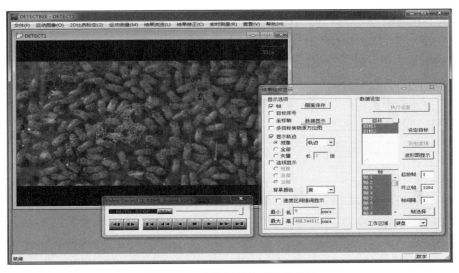

图 14.19　蜜蜂舞蹈实时跟踪检测

图 14.20 是在系统界面上点击"数据显示"打开的跟踪结果数据显示界面。

14.3.2　三维作物生长量检测与建模

作物外部生长参数包括植物的叶面积、株高、生物量等。生长参数的测量对于作物生长规律的定量分析与研究具有重要意义。生长参数的测量方法主要有：①破坏性测量，随机抽取一批植株，对作物进行叶面积、生物量等测量；②接触式测量，采用接触式传感器对作物进行株高、叶面积等测量；③非接触式测量，基于计算机视觉技术的生长参数测量。这三种方法中，前两种方法属于传统的测量方法，优点是测量结果准确，缺点是劳动强度大、不适合于大面积的测量。第一种方法不能对一株植物进行连续的生长测量；第二种方法所需要的

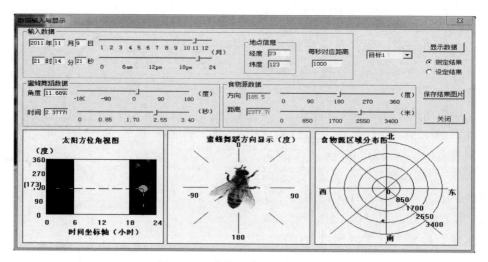

图 14.20　蜜蜂跟踪结果数据显示

传感器开发难度大、成本高，测量时与植株进行接触也会不可避免地对作物生长造成影响；第三种方法采用近年来兴起的机器视觉技术，对作物实现了连续、实时、自动地测量，应用越来越广泛。

作物的三维建模可视化是通过计算机对植物生长进行模拟与仿真，对于探索作物生长规律具有重要意义。作物的建模方法主要有：①基于几何参数的方法，该方法对作物器官进行数学描述；②基于植物图像的方法，该方法对作物图像进行处理，重建出植物的结构；③基于生物学机理与环境控制的方法。目前，基于几何参数的方法应用比较广泛。

然而，目前对于作物的参数测量与建模主要是在室内、单个植株等情况下进行的，与在大田间的环境相差很大。本试验就是在此背景下，以大田间的玉米植株为试验对象，利用双目立体视觉技术对其进行动态监测与三维建模。

14.3.2.1　系统构成

本试验地点设置在河北省廊坊市中国农业科学院国际农业产业园国家测土施肥试验基地。如图 14.21 所示，在监测区内设置了 4 根区域标定杆和 1 根高度标定杆，高度均为2.5m。4 根区域标定杆分别安置在待测区域（面积为 1m² ）的 4 个顶角处，高度标定杆安置在相机对面区域边界的中间位置，a、b、c 分别表示高度标定杆的顶端、底端和玉米遮挡部位。采用 2 个相同型号的摄像机（DST-H6045）同时对作物进行监控。由于无线传输图像的硬件限制，所以采用了该彩色模拟摄像机，其输出图像为 704 像素×576 像素。每天上午 10：00 和下午 3：00，左右视觉摄像机同时各采集一幅图像，保存成 JPG 格式，然后通过无线传输技术传送到实验室电脑。

基于北京现代富博科技有限公司的三维测量系统平台 MIAS3D，利用 Visual C++编程工具，进行软件系统的研制开发，利用 OpenGL 来实现玉米作物的三维建模。

采用线性法进行摄像机的三维标定。安装调试好设备后，在左右视觉图像上分别用鼠标点击图 14.21 中 4 根区域标定杆的上下 8 个顶点，获得其左右视觉的图像坐标。以左上角标定杆下端作为世界坐标的原点，获得 4 根标定杆上下 8 个顶点的世界坐标。利用上述 8 个顶点的图像坐标和世界坐标，推导出摄像机的标定参数。

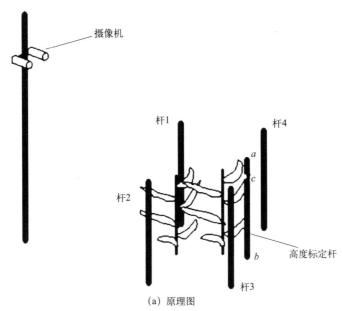

（a）原理图

（b）实物图

图 14.21　试验装置图

扫码看彩图

14.3.2.2　覆盖面积测量

（1）测量区域确定

如图 14.22 所示，假设作物平均高度平面与标定杆的交点为 c，过 c 点作直线平行于直线 $b_1 b_4$，分别交 $a_1 b_1$ 和 $a_4 b_4$ 于 c_1、c_4；然后，作直线 $c_1 c_2$ 和 $c_4 c_3$，分别平行于直线 $b_1 b_2$ 和 $b_4 b_3$；c_1、c_2、c_3、c_4 的连接区域即为测量区域。

（2）覆盖面积及颜色计算

由于玉米植株颜色呈绿色，而测量区域中的背景颜色较暗。因此将 G 分量图像作为处理图像。采用大津法对 G 分量图像进行自动二值化处理，得到二值图像，其中白色像素（255）代表植株，黑色像素（0）代表背景。

通过对左右视觉图像进行网格化匹配处理，判断作物区域，根据作物区域的网格数来获得作物的覆盖面积。图 14.23 为测量区域网格化示意图，为方便显示，将作物颜色设为黑色，背景区域设为白色。首先对四边形的各边分别进行 k（$k = 64$）等分，然后两组对边上

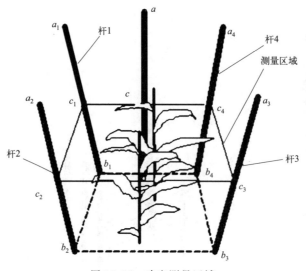

图 14.22　确定测量区域

的对应等分点分别相连,形成 $k \times k$ 的网格。可以认为左右视觉中相对应的网格在空间上对应着同一区域。例如,图 14.23(a) 中的网格 S_l 与图 14.23(b) 中的网格 S_r 对应于空间上的同一区域。然后,顺序扫描左右视觉上的网格,计算各个网格中白色像素数占其网格区域总像素数的比例,如果左右图像对应网格中的像素比例都大于设定值(本文设定为 0.5),则判定该网格为植物区域,否则判断其为背景。最后,统计作物的网格数 N_c,利用比例关系计算作物的覆盖面积。如果设实际测量面积为 S (本文为 $1m^2$),则作物实际覆盖面积为 $N_c \times S / k^2$ (m^2)。

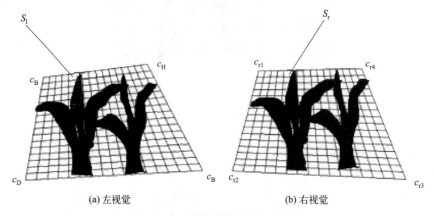

(a) 左视觉　　　　　　　　　　　(b) 右视觉

图 14.23　测量区域网格化示意图

对上述左右视觉二值图像中的白色像素在原图像对应位置像素的三个颜色分量分别求平均值,作为作物的平均颜色值。

图 14.24(a)、(b) 分别是左右视觉原图像,标定杆间的四边形连线区域为测量区域。图 14.25(a)、(b) 分别是图 14.24(a)、(b) 测量区域中的作物进行 G 分量提取的结果图像,白色区域为提取的作物区域,黑色区域为背景区域。结果显示,本试验所采用的提取方法能够正确提取出作物。

图 14.26 为对图 14.25 中测量区域网格形心进行三维重建的结果,白色点云的形状与测

(a) 左视觉　　　　　　　　　　　　(b) 右视觉

图 14.24　原图像

(a) 左视觉　　　　　　　　　　　　(b) 右视觉

图 14.25　作物提取结果

量区域内作物的形状基本吻合，验证了采用网格形心进行三维重建的合理性。

图 14.27 为覆盖面积测量结果分布图，横坐标为时间（d），纵坐标为覆盖面积（cm²）。结果显示，在生长阶段（13 天之前），作物的覆盖面积总体呈现增长趋势，到最后的抽穗阶段（13 天之后），覆盖面积有一定的波动。

图 14.26　测量区域作物
三维重建结果图

14.3.2.3　株高测量

（1）基于双目视觉的株高测量

在上述覆盖面积测量中，经过匹配获取了左右视觉中代表作物的网格位置及其数量。首先，求出各个网格的形心坐标（X_c，Y_c）。然后，分别对每个作物网格形心进行上述的三维重建，得到其三维坐标。最后，求取重建后各个网格形心的高度（Y）坐标平均值，作为平均株高 h_t。

（2）基于标定杆的株高测量

如图 14.21 所示，为了便于分辨杆 ab 与作物，将高度标定杆的颜色染成了红色。通过判定作物对标定杆的遮挡点，测量作物株高。

图 14.28 为株高测量结果分布图。横坐标为测量时间（d），纵坐标为高度（cm）。结果显示，基于高度标定杆测量的作物高度总是低于双目视觉测量高度 20cm 左右，两者之间具有很大的相关性。由于摄像机向下斜视高度标定杆，导致看到的作物遮挡部位向下偏移，引起了上述测量误差。这也佐证了双目视觉测量高度的正确性。

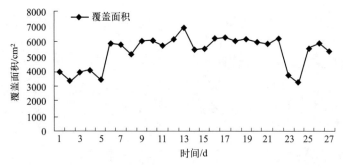

图 14.27 覆盖面积测量结果

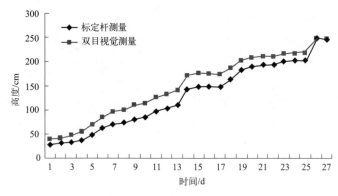

图 14.28 株高测量结果

14.3.2.4 玉米植株的三维建模

玉米植株的建模需要利用株高、叶片颜色、茎长、茎粗、叶片数、叶宽、叶长等参数，首先构建出植株各器官的拓扑结构形态，然后利用 OpenGL 实现玉米植株的可视化。上述测量的株高、覆盖面积、平均颜色可以作为该模型的输入参数，而其他输入参数，例如茎粗、叶片数、叶片参数等，可使用人工测量的参数或者根据生长规律自动生成参数。

玉米植株包括叶片、叶鞘、主茎、雄穗、雌穗等器官，本试验仅对作为玉米植株主要器官的玉米叶片和主茎进行三维建模。

（1）玉米叶片建模

采用 NURBS 曲面对玉米叶片曲面进行建模。NURBS（Non-Uniform Rational B-Spline）即非均匀有理 B 样条，它为描述自由型曲线（曲面）、初等解析曲线（曲面）提供了统一的算法公式，具有操纵灵活、计算稳定、速度快以及几何解释明显等优点。国际标准化组织（ISO）于 1991 年正式颁布了工业产品几何定义的 STEP（产品模型数据交换标准），把 NURBS 方法作为定义产品形状的唯一数学方法。

（2）叶脉曲线数学模型

玉米叶片的叶脉形状决定了玉米叶片的形状，主脉随着叶片的生长逐渐下垂。叶脉曲线通常采用抛物线、样条曲线、圆弧进行描述。其中，圆弧曲线计算简单、不用进行积分等复杂运算。本试验中采用圆弧对玉米叶脉进行描述，将玉米叶脉曲线表示在 XZ 平面上。

（3）玉米植株建模与可视化

利用圆柱体的二次曲面来构建主茎的形态模型，圆柱体的长度和半径代表主茎长和茎粗，上述测量的株高作为主茎的长度参数代入。

由叶片和主茎构建出玉米植株的形态模型，并采用 OpenGL 实现植株的可视化。

（4）建模结果

本案例对每一组测量结果都进行了实时三维建模，实现了玉米生长过程的三维模拟演示。图 14.29（a）、（b）、（c）分别表示了 3 个不同生长时期的玉米三维建模结果。三维测量的株高设定为模型主茎的高度，叶片数、叶片参数、主茎直径等参数根据其生长规律自动生成。受光照与摄像机成像质量的影响，图像中的玉米植株颜色偏白，与实际颜色有较大的偏差，导致最终测得的平均颜色失真。因此，本试验将植株颜色设为绿色，利用 OpenGL 中光照和材质渲染函数对大田间的光照环境进行了模拟。

(a) 初期   (b) 中期   (c) 后期

图 14.29 不同生长时期玉米植株建模结果

扫码看彩图

图 14.30 为开发的系统软件界面。

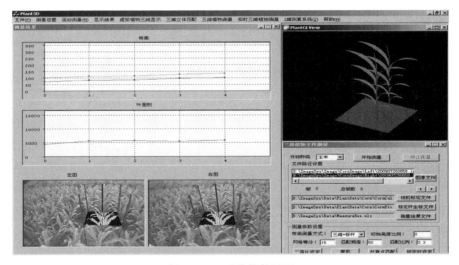

图 14.30 系统软件界面

  本章介绍的二维、三维运动图像检测系统，都是目标在运动，图像拍摄系统不动。如果目标不动，摄像机在动，例如人形机器人抓取桌面上的水杯，这时应该怎么跟踪目标？

参考文献

[1] 陈兵旗. 机器视觉技术 [M]. 北京：化学工业出版社，2018.

[2] 陈兵旗. 机器视觉技术及应用实例详解 [M]. 北京：化学工业出版社，2014.

[3] 冈萨雷斯，伍兹. 数字图像处理 [M]. 阮秋琦，阮宇智，等译. 3版. 北京：电子工业出版社，2011.

[4] 梁习卉子，陈兵旗，姜秋慧，等. 基于图像处理的玉米收割机导航路线检测方法. 农业工程学报，2016，32（22）：
43-49.

[5] 梁习卉子，陈兵旗，李民赞，等. 质心跟踪视频棉花行数动态计数方法. 农业工程学报，2019，35（2）：175-182.